区域层次气候敏感的落叶松人工林生长模型及 R 语言应用

雷相东　臧　颢　著

科学出版社

北京

内 容 简 介

　　本书是关于气候变化对森林生长收获影响的经验生长模型建模和模拟研究专著。全书以我国东北、华北地区的落叶松人工林为研究对象，基于固定样地数据，构建了气候敏感的落叶松林分生长模型系（CSSGM-larch），包括林分平均高、优势高、株数、断面积、蓄积和生物量模型，该模型有一定的统计可靠性和生物合理性；模拟预测了研究区落叶松人工林在三种未来气候情景（RCP2.6、RCP4.5 和 RCP8.5）和不同间伐方案下落叶松人工林的生长收获。本书的研究结果丰富了森林生长建模的方法，可为落叶松人工林的适应性经营提供参考。书中模型拟合均采用 R 语言完成，并给出了代码和运行结果。

　　本书可供从事森林经理学、森林生态学的工作者和高校相关专业的师生参考使用。

图书在版编目(CIP)数据

区域层次气候敏感的落叶松人工林生长模型及R语言应用 / 雷相东，臧颢著. —北京：科学出版社，2020.9

ISBN 978-7-03-066191-3

Ⅰ. ①区… Ⅱ. ①雷… ②臧… Ⅲ. ①落叶松–人工林–研究
Ⅳ. ①S791.22

中国版本图书馆CIP数据核字(2020)第177593号

责任编辑：张会格　刘　晶 / 责任校对：郑金红
责任印制：吴兆东 / 封面设计：刘新新

科学出版社 出版
北京东黄城根北街 16 号
邮政编码：100717
http://www.sciencep.com

北京虎彩文化传播有限公司 印刷
科学出版社发行　各地新华书店经销

*

2020 年 9 月第 一 版　开本：720 × 1000 1/16
2020 年 9 月第一次印刷　印张：9 3/4
字数：197 000

定价：128.00 元
(如有印装质量问题，我社负责调换)

前　言

　　气候变化是全世界共同面对的最严峻的挑战之一。森林在减缓气候变化中发挥着重要的作用，同时气候变化又不可避免地对森林的分布、物种组成、结构、生长、生产力及其他功能等产生影响。林业工作者需要理解这些影响并制定适应性经营策略。生长模型是认识、模拟和预测气候变化及森林经营措施对森林生态系统影响的重要手段，包括过程生长模型、经验生长模型和结合二者优点的混合生长模型。传统的经验生长模型应用最广，但由于假定气候不变，不能用于气候变化下的森林生长预测，需要修正使其具有气候敏感性。在国家自然科学基金"气候敏感的林分生长收获模型研究"（31270679）的资助下，我们以落叶松人工林为对象，开展了包含气候因子的经验生长模型的建立及影响模拟的相关研究，本书是对部分结果的总结。

　　由于作者水平有限，不足和疏漏之处在所难免，请读者不吝指正。

著　者

2020 年 5 月 18 日

目　　录

第1章　气候变化对森林生长收获影响的模型研究进展

气候变化是全世界共同面对的最严峻的挑战之一。由于森林对温度、降水和二氧化碳的敏感性，气候变化将不可避免地对森林的分布、物种组成、结构、生长收获、生产力及其他功能等产生影响，同时这种影响随气候情景、地区及森林类型各异，存在巨大的不确定性。例如，温度升高对水分限制型区域植物生长有负面影响，但对非水分限制型区域有正面影响。预测气候变化对森林生态系统的影响并制定减缓和适应措施非常重要。目前，发达国家都把开展气候变化对林业的影响及应对策略作为研究的重点，并制定了应对气候变化的适应性森林经营策略（Peterson et al., 2011; Kolström et al., 2011; Fitzgerald and Lindner, 2013; FAO, 2013; Gauthier et al., 2014; Sample et al., 2014）。为了制定适应气候变化的森林经营策略并增强森林经营的适应能力，迫切需要了解气候变化对森林生长收获等的影响，从而对森林经营进行适应性调整。传统的生长收获模型是预测生长收获和进行经营决策的重要工具，但面临如何反映气候变化影响的挑战，目前尚缺少可靠的生长收获模型来为气候变化下的森林经营决策提供支持。因此，建立气候敏感的森林生长收获模型，来预测未来气候变化对森林生长收获的影响，从而制定新的经营策略来帮助森林适应不断变化的气候，成为一个新的领域。本章对能反映气候变化影响的森林生长收获模型进行综述，提出了存在的问题与挑战。

随着对全球气候变化问题的关注，利用模型研究气候变化下的森林生长和经营成为一个研究热点。与传统的生长收获模型类似，按模型的机理大致可以分为三类：一是利用过程生长模型（process-based growth model）；二是利用经验生长模型（empirical growth model）；三是利用混合生长模型（hybrid growth model）。

1.1　气候敏感的经验生长模型

生长模型是描述林木生长与林分状态和环境条件关系的一个或一组数学函数。经验生长模型指利用大量的观测数据，建立生长与一些林分因子如地位指数、年龄、林分密度、竞争、林分结构等的统计关系模型。按模型的分辨率可分为林分生长模型、径阶生长模型和单木生长模型。传统的经验生长模型具有预测精度高、方便森林经营应用等特点，但由于基于立地和气候条件不变的假设，不能预测气候变化下的森林生长(Johnsen et al., 2001)。实际上,地位指数受到环境、遗传和森林经营等的影响(Bailey and Martin, 1996)。例如,Nigh 等(2004)研究发现,加拿大不列颠哥伦比亚省的 5 个主要针叶树种的森林生产力(地位指数)随温度升高而增加,黑松和花旗松的生产力随降水量的增加而增加;Bontemps 等(2009)用树干解析数据研究发现,山毛榉优势高的生长呈增加趋势;Charru 等(2010)用法国的森林资源清查样地研究了 1979~2007 年山毛榉森林生产力(断面积定期生长量)的变化,发现了生产力呈先增加后下降的变化趋势。随着对全球气候变化问题的关注,近年来,在经验生长模型中加入气候因子从而使模型能预估气候变化的影响,为应对气候变化的适应性森林经营提供依据,成为一个新的领域。这类新一代经验生长模型,能够反映气候的影响,称为气候敏感的经验生长模型。这些模型实际上是对传统经验生长模型进行修正,主要采用以下两种方法:一是基于气候和土壤等生物地理数据建立地位指数模型,即地位指数是受气候影响的动态变量,通过地位指数来驱动其他生长因子;二是在传统的生长收获模型中直接或通过再参数的方法加入气候因子。

1.1.1 地位指数模型

地位指数是表征森林立地生产力的重要指标,也是经验生长模型中的关键自变量,是森林经营规划及决策的重要参数(Skovsgaard and Vanclay, 2008)。近年来的研究表明,气候变化显著影响森林生产力。一些估计局部气候的模型和插值工具的出现及高分辨率 DEM 数据的获得,使得用气候、地形和土壤等因子来表达立地生产力成为可能。因此,基于气候、地形和土壤等生物地理数据建立地位指数模型并预测未来气候变化下立地生产力的变化,已经成为近年来的一个新的方向。包含气候和生物地理因子的地位指数模型,其建立方法除传统的线性回归模型外,还包括非线性回归模型、广义线性模型、广义可加模型及分类回归树等非参数和机器学习算法(表 1-1)。

1.1.1.1 线性回归模型

线性回归模型是最简单的包含气候因子的地位指数模型。Monserud 等(2008)用生长季积温(growing degree day)来预测加拿大阿尔伯塔省的美国黑松的地位指数,模型确定系数只有 0.25;Hamel 等(2004)在魁北克对黑云杉和加拿大短叶松的研究,发现用生长季积温、土壤母质类型和有无苔藓等变量可解释 38%~57%的地位指数变异。其他的采用线性回归的类似研究见表 1-1。但通常来说,线性回归模型很难反映地位指数与气候因子的关系。

表 1-1　包含气候和生物地理因子的地位指数模型

模型类别	模型形式	模型自变量	R^2	文献
线性回归模型	SI= $-6.9-1.79\times$EWASP$-0.044\times$SURPHY $-0.208\times$PCLAY$+0.05\times$ARAIN	EWASP: 坡向因子; SURPHY: 年水平衡量; PCLAY: 25~50cm土壤黏粒含量; ARAIN: 年降水量	0.58	Corona et al., 1998
	*	积温、土壤类型等其他土壤变量	0.382~0.567	Hamel et al., 2004
	SI=MAT+MTWM+NFFD+RATIO+CONT	MAT: 年平均温度; MTWM: 最热月平均温度; NFFD: 年无霜期天数; RATIO: 年湿热指数; CONT: 年温差	0.08~0.64	Nigh et al., 2004
	SI= $2.39 + 0.01214\times$GDD5	GDD5: 生长季积温	0.25	Monserud et al., 2006
	SI= $0.02574\times$TSUM $- 7.359\times10^{-6}\times$TSUM$^2 + 4.344$ SI= $4.333\times$JULYT $- 0.09526\times$JULYT$^2 - 21.700$	TSUM: 大于 5.6℃积温; JULYT: 7月平均温度	0.333~0.465	Fries et al., 2000
	SI=$a+b\times$RD $+ c\times$PPT	RD: 年降水天数; PPT: 年均降水量	*	Scolforo et al., 2017
	SI=a_1-b_1ELV$^2+c_1$PR$-d_1$Clay	ELV: 海拔; PR: 降水量; Clay: 土壤黏粒含量	0.552~0.566	Bravo-Oviedo et al., 2011
非线性回归模型	$S_{\mathrm{BIO}} = C_0 \times f_{\mathrm{DD}} \times f_{\mathrm{AI}} \times f_{\mathrm{PRE}} \times f_{\mathrm{VPD}} \times f_{\mathrm{W}} \times f_{\mathrm{S}}$	生长积温、干旱指数、生长季降水量、生长季累积蒸汽压差、土壤持水能力和香农-威纳多样性指数		Ung et al., 2001
	$\mathrm{SI}=\theta_0\left(\dfrac{T^{\theta_1}\cdot\exp(\theta_2 T)+\mathrm{PR}^{\theta_3}\cdot\exp(\theta_4\mathrm{PR})+\mathrm{AWS}^{\theta_5}\cdot\exp(\theta_6\mathrm{AWS})}{\mathrm{DRY}^{\theta_7}}\right)+\varepsilon$	T: 温度; PR: 降水量; AWS: 土壤有效水; DRY: 温度胁迫	0.336~0.416	Sabatia and Burkhard, 2014
	$\mathrm{SI}=a+b X\mathrm{e}^{-bX}$	X: D100 (积温达到 100℃时的儒略日期); MTWM: 7月平均温度; GDD5: 大于等于 5℃积温	0.24~0.27	Monserud et al., 2006
	$\mathrm{SI}=a+bZ^c X\mathrm{e}^{-bX}$	Z: SMI (积温与生长季平均降水量的比值) 或 GSP (生长季平均降水量); X: D100	备选模型	Monserud et al., 2006
	$\mathrm{SI}=\exp(\beta_0)$ $\times\left(\dfrac{\mathrm{gsd}+\mathrm{ann\_ppt\_sc}^{\beta_2}\times\exp(\beta_3\mathrm{ann\_ppt\_sc})+\mathrm{aws0\_150}^{\beta_4}}{\mathrm{sdi\_sc}^{\beta_5}}\right)+\varepsilon$	gsd: 生长季积温; ann_ppt: 平均年降水量; aws0_150: 土壤持水量; sdi_sc: 夏季干旱指数	0.3358~0.4161	Sharma et al., 2012

续表

模型类别	模型形式	模型自变量	R^2	文献
广义可加模型	$SI = b_0 + \sum_{i=1}^{9} f_i(x_i) + \varepsilon$	x_1: 经度; x_2: 纬度; x_3: 海拔; x_4: 气候湿润指数; x_5: 生长积温; x_6: 年降水量; x_7: 土壤粒级; x_8: 1月平均温度; x_9: 7月平均温度	0.73	Wang et al., 2005
	$SI_i = \alpha_i + \text{nut}_i^T \beta + f_1(\text{prec}_i) + \alpha_2 \text{cep}_i + f_2(\text{asm}_i) + f_3(\text{temp}_i) + f_4(\text{Ndep}_i) + f_5(\text{lon}_i, \text{lat}_i) + \varepsilon_i$	prec: 生长季总降水量; cep: 生长季累积的潜在蒸散; asm: 土壤有效湿度; temp: 生长季平均气温; lon: 调查点所处的经度; lat: 调查点所处的纬度; 其他为土壤因子	0.34~0.39	Albert and Schmidt, 2010
	$SI_{20} = \beta_0 + \sum_{i=1}^{k} f_i(\text{Climate}_i) + f_j(\text{lat, long}) + \varepsilon$	地理坐标、年平均温度、年平均降水量、平均温度差异	0.729	Shen et al., 2015
机器学习算法	随机森林 (random forest)	气候(17个)、土壤(6个)和海拔共24个因子	0.804~0.847	Sharma et al., 2012
	随机森林	年降水量、生长季积温、夏季最高温、生长季干指数等	0.348~0.503	Sabatia and Burkhart, 2014
	随机森林	大于等于5℃积温、无霜期大于等于5℃积温、最冷月平均温度、无霜期天数、大于等于5℃积温与生长季降水量的比值、生长季大于等于5℃积温与生长季降水量的比值等	0.319~0.639	Jiang et al., 2014
	随机森林	夏季降水量、夏季平均温度	0.303	Eckhart et al., 2019
	回归树 (regression tree)	年平均温度、年降水量、生长季平均温度、最热月月最高温度等12个因子	*	Mckenney and Pedlar, 2003
	多元自适应回归样条 (multivariate adaptive regression splines, MARS)	生长季长度、生长季大于等于5℃积温、年平均降水量、最冷月平均温度、夏季平均温度等	0.50	González-Rodríguez and Diéguez-Aranda, 2020

*文章未报告

注: SI 为地位指数,其他变量见文献。

1.1.1.2　非线性回归模型

除线性回归模型外，非线性回归模型也用于地位指数与气候的关系的研究。Ung 等(2001)针对耐阴树种给出了一个基于生物物理学的地位指数模型：

$$S_{BIO} = C_0 \times f_{DD} \times f_{AI} \times f_{PRE} \times f_{VPD} \times f_W \times f_S \tag{1.1}$$

式中，S_{BIO} 为地位指数；C_0 为待估计的参数；f_{DD}、f_{AI}、f_{PRE}、f_{VPD}、f_W、f_S 分别为关于生长积温、干旱指数、生长季降水量、生长季累积蒸汽压差、土壤持水能力和香农-威纳多样性指数的函数，其具体函数形式如下：

$$f_{x_i} = 1 + C_i \times \left(\frac{x_i - \overline{x}}{\overline{x}} \right) + C_{ii} \times \left(\frac{x_i - \overline{x}}{\overline{x}} \right)^2 \tag{1.2}$$

式中，f_{x_i} 为对应的每个样地计算出来的 f_{DD}、f_{AI}、f_{PRE}、f_{VPD}、f_W 和 f_S；x_i 为每个样地对应的每个气候环境变量(生长积温、干旱指数、生长季降水量、生长季累积蒸汽压差、土壤持水能力和香农-威纳多样性指数)的值；$\overline{x}$ 为所有样地对应的每个气候环境变量(生长积温、干旱指数、生长季降水量、生长季累积蒸汽压差、土壤持水能力和香农-威纳多样性指数)的平均值；C_i、C_{ii} 为模型参数。通过研究发现，这些生物物理指标与立地质量的关系比较复杂，呈现出正"U"形曲线或倒"U"形曲线，仅部分表现出明确的关系：生长季累积蒸汽压差与黑云杉的立地质量呈正相关，但不影响美国山杨和白桦的立地质量；降水量不影响美国山杨的立地质量；干旱指数不影响白桦的立地质量；土壤持水能力与黑云杉的立地质量呈负相关。

Monserud 等(2006)以阿尔伯塔地区为研究区域，研究气候因子对黑松的立地生产力的影响。对 1145 块样地都采用回归分析建立气候变量的函数来预估地位指数。模型中显著影响立地生产力的自变量包括：生长季日均温大于 5℃的积温(GDD5)，GDD5 达到 100℃·d(D100)时的儒略日期(计算机中的一种记录日期的方式)，7 月的平均温(MTWM)。最终模型是以 D100 作为预测变量的非线性模型。利用 ANUSPLIN 软件对每块样地中的被研究的和预测的地位指数进行插值，利用 ArcView 进行绘图。气候是立地生产力的一个重要因子，气候因子可以解释黑松地位指数的 25%。该研究中共尝试了三种模型：

(1)一元线性模型：$SI = a + bX$。其中，a、b 是模型参数；X 是积温达到 100℃ 的儒略日期。

(2)非线性模型：$SI = a + bXe^{-bX}$。其中，a、b 是模型参数；X 同上。

(3)多元指数函数模型：$SI = a + bZ^c Xe^{-bX}$。其中，a、b、c 是模型参数；Z 是积温与生长季平均降水量的比值(SMI)或生长季平均降水量(GSP)；X 同上。

Bravo-Oviedo 等(2011)以西班牙地区的地中海松为对象,用偏最小二乘法研究基于气候与土壤变量的地位指数估算。结果显示,秋季与冬季的气温、降水量以及经度会影响立地质量。最好的立地质量是在温暖湿润的地区,而最差的立地质量是在寒冷干燥的区域。土壤属性不能很好地解释地位指数。在大尺度范围内,气候是决定地中海松立地生产力的主要驱动力。在气候相同的地区,地位指数不同的原因是土壤属性的不同。

1.1.1.3 数据驱动的模型

由于气候因子与地位指数关系的复杂性,数据驱动的模型也得到应用,包括广义可加模型和机器学习算法。这些方法对数据的分布等假设没有要求,并能直观地表达变量间的偏依赖关系和重要程度。

Albert 和 Schmidt(2010)针对德国 Lower Saxony 地区的云杉和山毛榉,利用广义可加模型,基于土壤与气候变量函数来预测地位指数。Shen 等(2015)采用广义可加模型对吉林省落叶松林进行了研究,发现影响地位指数的因子为地理坐标、年平均气温、年平均降水量、平均气温差异,可解释 72.9%的地位指数变异;2041～2060 年和 2061～2080 年两个时间段预测地位指数变化分别为从 0.3 m(2.2%)到–0.8 m(–5.9%)和从 0.5 m(3.7%)到–1.6 m(–11.8%)。

McKenney 和 Pedlar(2003)以加拿大短叶松与黑云杉为对象,采用机器学习算法中的回归树(regression tree)方法,创建了基于气候因子与土壤因子的地位指数模型,绘制了地位指数的空间分布格局。Sharma 等(2012)用随机森林方法和非线性最小二乘法建立了地位指数与含气候的生物物理因子的关系模型,发现非线性回归模型能解释 33.58%～41.61%的地位指数变异,而随机森林方法可达 80.39%～84.71%。非参数的随机森林方法有较好的效果,但模型泛化时,会出现不合逻辑的预测结果。

1.1.2 林分优势高生长模型

除了地位指数外,在传统的优势高生长模型中加入气候因子,使得修正的林分优势高生长模型可以预测气候因子的影响,也得到大量应用。主要是采用再参数化的方法,将传统生长模型中的参数用气候因子来反映。Bravo-Oviedo 等(2008)通过因子分析筛选出对林分优势高生长影响显著的 4 个变量:干旱期的月数、秋冬季的降水量、年平均气温、土壤母质类型,基础模型采用广义代数差分方程[式(1.3)],并根据不同的假设建立了参数与气候因子的 4 种关系模型(表 1-2,Bravo-Oviedo 等(2008)),发现采用了上述 4 个关系式之后,精度相比基础模型而言均有提高,而 4 个模型之间的精度差异并不大。类似的差分形式还见于文献 Nunes 等(2011),包含了气候和土壤因子。

$$\begin{cases} Y_0 = Y \times \left(\dfrac{t_0}{t}\right)^{\upsilon+\delta} \times \left(t^{\delta} \times R + 2\alpha \times e^{\gamma}\right) \times \left(t_0^{\delta} \times R + 2\alpha \times e^{\gamma}\right)^{-1} \\ R = \dfrac{Y_0}{t_0^{\upsilon}} - \eta + \sqrt{\left(\dfrac{Y_0}{t_0^{\upsilon}} - \eta\right)^2 + \dfrac{4\alpha \times e^{\gamma} \times Y_0}{t_0^{\upsilon+\delta}}} \end{cases} \quad (1.3)$$

式中，Y_0 为林分优势高初值；t_0 为年龄初值；Y 和 t 分别为样地的优势高和年龄；υ、δ、R、α、γ、η 均为模型参数。

除差分方程外，更多采用直接对优势高生长过程进行再参数化。例如，Sharma 等 (2015) 对加拿大安大略省的黑云杉和加拿大短叶松建立了优势高生长模型 (式 1.4)。

$$H = \dfrac{\beta_0 + \beta_1 \times \mathrm{GSTP} + \beta_2 \times \mathrm{GSMT}}{1 - \left(1 - \dfrac{\beta_0 + \beta_1 \times \mathrm{GSTP} + \beta_2 \times \mathrm{GSMT}}{H_1}\right)\left(\dfrac{A_1}{A}\right)^{\beta_3 + \beta_4 \times \mathrm{GSTP} + \beta_5 \times \mathrm{GSMT}}} + \varepsilon \quad (1.4)$$

式中，H 和 H_1 分别为林分年龄为 A 和 A_1 时的优势高；GSTP 为生长季的总降水量；GSMT 为生长季的平均气温；β_0、β_1、β_2、β_3、β_4、β_5 为固定参数；ε 为随机误差项。

其他的研究还有 Scolforo 等 (2017) 将对巴西巨桉优势高生长影响较强的环境变量作为 Richards 方程渐进值的修正因子，以此建立了包含有气候变量的巴西巨桉优势高生长模型；Zang 等 (2016) 对落叶松人工林优势高生长模型；Sharma 和 Parton (2019) 对加拿大两种针叶林优势高生长模型的研究等 (表 1-2)。

1.1.3　树高-胸径曲线、枯死、单木胸径生长、进界和生物量模型

1.1.3.1　树高-胸径曲线

树高曲线是森林生长收获预估中最常用的一类模型，它也受气候变化的影响。Feldpausch 等 (2011) 检验了热带森林的树高-胸径关系，发现其受年平均气温、降水变动系数和干季长度的影响。Zhang 等 (2019) 以中国杉木林为对象，建立了包含气候因子的广义树高-胸径模型 [式 (1.5)]，气候因子采用乘积的形式，发现较基础模型有所改善。

$$\begin{aligned} H = (\ & \phi_0 + k_1 z_1 + k_2 z_2 + k_3 z_3 \\ & + k_4 z_4) \mathrm{DBH}^{\phi_1} \mathrm{BA}^{\phi_2} \mathrm{Hd}^{\phi_3} \mathrm{MAT}^{\phi_4} \mathrm{MWMT}^{\phi_5} \mathrm{AHM}^{\phi_6} \mathrm{SMMT}^{\phi_7} + \varepsilon \end{aligned} \quad (1.5)$$

式中，H 为单木树高；DBH 为单株胸径；BA 为林分断面积；Hd 为林分优势高；MAT 为年平均气温；MWMT 为平均最热月最高温度；AHM 为湿热指数；SMMT 为夏季最高温度；z_i 为哑变量；ϕ_i 为待估参数；ε 为随机误差。

表 1-2 包含气候的林分优势高生长模型

模型形式	气候自变量	R^2	文献
$H_i = \beta_{0i} \times \left[\dfrac{1-\mathrm{e}^{-\beta_{1i} \times T_i}}{1-\mathrm{e}^{-\beta_{1i} \times T_R}}\right]^{\beta_{2i}} + \varepsilon_i$ $\beta_{0i} = \lambda_{00} + \lambda_{01} \times RF_i + \lambda_{02} \times MTJ_i + u_{0i}$ $\beta_{2i} = \lambda_{20} + \lambda_{21} \times RF_i + u_{2i}$	RF_i 为年平均降水量；MTJ_i 为 7 月平均日最高温度	*	Wang et al., 2007
$Y_0 = Y \times \left(\dfrac{t_0}{t}\right)^{\nu+\delta} \times \left(t_0^\delta \times R + 2\alpha \times \mathrm{e}^\gamma\right) \times \left(t_0^\delta \times R + 2\alpha \times \mathrm{e}^\gamma\right)^{-1}$ $R = \dfrac{Y_0}{t_0^\delta} - \eta + \sqrt{\left(\dfrac{Y_0-\eta}{t_0^\delta}\right)^2 + \dfrac{4\alpha \times \mathrm{e}^\gamma \times Y_0}{t_0^{\nu+\delta}}}$ $\begin{cases}\eta = a_0 \times PR \\ \delta = b_0 + b_1 \times DOL \\ \gamma = c \times PR \\ \alpha = 0.5\end{cases}$ $\begin{cases}\eta = a_0 \times PR \times \sqrt{T} \\ \delta = b_0 + b_1 \times DOL \\ \gamma = c \times PR \times \sqrt{T} \\ \alpha = 0.5\end{cases}$ $\begin{cases}\eta = \dfrac{\sqrt{T}}{DL+1} \\ \delta = b_0 + b_1 \times DOL \\ \gamma = \dfrac{c}{DL+1} \\ \alpha = 0.5\end{cases}$ $\begin{cases}\gamma = c \times PR \\ \delta = b_0 + b_1 \times DOL \\ \alpha = \dfrac{1}{2}\left(\dfrac{a_0}{DL+1}\right)\end{cases}$	PR 为秋冬季降水量；DL 为干旱期的月数；T 为年平均气温；DOL 为表征土壤母质的哑变量	0.9875~0.9881	Bravo-Oviedo et al., 2008
$Hdom = \mathrm{e}^{X_0} \times \mathrm{e}^{-b_0 + (1/X_0) \times t^{-c}}$ $X_0 = 0.5\left(b_1 \times t_0^{-c} + \ln H_0 + F_0\right)$ $F_0 = \left[\left(b_1 \times t_0^{-c} + \ln H_0\right)^2 + 4t_0^{-c}\right]^{0.5}$ $b_1 = 9.2562 - 0.0006 \dfrac{P \times \sqrt{T}}{WINTER}$ $c = 0.5394 - 0.0918 ST_1 - 0.1767(ST_2 + ST_3)$	P 为年降水量；T 为年平均温度；WINTER 为冬季类型的分类变量；ST_1、ST_2、ST_3 为关于土壤类型的 3 个哑变量（分别表示腐殖质的始成土、薄层土、含钙的始成土）	0.9996	Nunes et al., 2011

续表

模型形式	气候自变量	R^2	文献
$H=1.3+\hat{\beta}_0\Big/\left(1-\left(1-(\hat{\beta}_0/S_1)\right)(25/(A_{bh}-0.5))^{\hat{\beta}_1}\right)$ $\hat{\beta}_0=196.47+0.3209P_w-0.3762P_d-14.2779T_g+0.0014P_a$ $\hat{\beta}_1=-1.3757-0.008P_w+0.0114P_d+0.21537_g$	P_w 为最湿期的总降水量；P_d 为最干期的总降水量；T_g 为生长季平均温度；P_a 为年总降水量；T_a 为年平均温度	*	Newton, 2012
$Hdom=A\times(c_1\times mtemp+c_2\times mprec)\left(1-e^{imcl\times t}\right)^{imf}$	mtemp 和 mprec 分别为月平均温度和月平均降水量	0.722	Scolforo et al., 2017
$H_{ij}=1.3+\left(\beta_0+\beta_1\times PWM_j\right)\times e^{-\beta_2\times c^{(\beta_3+\beta_4\times TWQ_j)\times Age_{ij}}}$	TWQ 为最热季的平均温度；PW 为最热月的降水量	0.67	Zang et al., 2016
$H_{(i)}=1.3+\dfrac{\beta_{0(ju)}}{1-\left[1-\left(\dfrac{\beta_{0(ju)}}{SI-1.3}\right)\right]\left[\dfrac{25}{A_{bh(i)}-0.5}\right]^{\beta_{1(ju)}}}$ $\beta_{0(ju)}=-284.6675+0.3359P_{g(ju)}+13.5367T_{g(ju)}$ $\beta_{1(ju)}=3.45454-0.0022P_{g(ju)}-0.1027T_{g(ju)}$	P_g 为生长季平均降水量；T_g 生长季平均温度	*	Newton, 2016
$H_i=\dfrac{\beta_0+\beta_1 WQMT+\beta_2 WQTP}{1-\left[1-\dfrac{\beta_0+\beta_1 WQMT+\beta_0 WQTP}{H_1}\right]\left[\dfrac{A_1}{A}\right]^{\beta_3+\beta_4 WQMT+\beta_5 WQTP}}$	WQMT 为最热季度平均温度；WQTP 为最热季度降水量	0.33	Sharma and Parton, 2019
$H_i=\dfrac{\beta_0}{1-\left(1-\dfrac{\beta_0}{H_1}\right)\left(\dfrac{A_i}{A}\right)^{\beta_1+\beta_2 MDTR}}$	日最高温度和最低温度差值的年平均值	*	Sharma and Parton, 2019
$H=MTM^{a_3}PNP^{a_4}PGP^{a_5}\left(1-e^{-a_1 t}\right)^{a_2}$	MTM 为5月平均温度；PNP 为上年10月到当年4月的降水量；PGP 为上年生长季平均降水量	0.8769	Zhou et al., 2019
$H=\dfrac{\beta_0+\beta_3 X+\beta_5 MSP10}{1+e^{[\beta_1+\beta_2\ln(AGE+1)]}}+\varepsilon$	MSP10 为前10年生长季平均降水量	0.9038～0.9584	Yang et al., 2019

注：*表示文中未报告。H 为林分优势高，其他变量见文献。

Fortin 等(2019)以法国 44 个树种为对象，建立了包含气候因子的广义树高-胸径模型，发现 3～9 月的平均气温影响大部分树种(33 个树种)的树高-胸径关系，且这种影响是非线性的，因此存在一个最适温度；降水只对 7 个树种的树高-胸径关系有影响，且为线性。

1.1.3.2　枯死模型

气候变化对树木枯死的影响受到持续关注(Allen et al., 2010; Peng et al., 2011; Wang et al., 2012a; Neumann et al., 2017)，在经验枯死模型中纳入气候因子也得到应用，包括枯死率和枯死概率模型两类。采用的模型形式有线性混合效应模型、Logit 模型、Probit 模型、Cloglog 模型、贝叶斯模型平均法、差分方程等。

van Mantgem 和 Stephenson(2007)基于线性混合效应方法建立了老龄林的枯死率模型，包含的气候因子有干旱指数和冰雪强度指数。Lines 等(2010)建立了了美国东部森林包含气候、土壤、树种和胸径的 Logit 枯死概率模型，自变量的形式见式(1.6)，其中与气候有关的变量有太阳辐射、年平均气温、降水量和最大风速等。

$$
\begin{aligned}
K_j ={}& \alpha_j + \beta_{1j}(\text{dbh})\exp(\beta_{2j}(\text{dbh})) + \beta_{3j}(\text{radiation}) \\
&+ \beta_{4j}(\text{radiation})^2 + \beta_{5j}(\text{precipitation}) + \beta_{6j}(\text{precipitation})^2 \\
&+ \beta_{7j}(\text{mean annual temp}) + \beta_{8j}(\text{mean annual temp})^2 \\
&+ \beta_{9j}(\text{max wind speed}) + \beta_{10j}(\text{max wind speed})^2 \\
&+ \beta_{11j}(\text{soil type}) + \beta_{12j}(\text{soil type})^2 \\
&+ \beta_{13j}(\text{plot basal area}) + \beta_{14j}(\text{plot basal area})^2
\end{aligned} \tag{1.6}
$$

Luo 和 Chen(2013)以加拿大西部的北方针叶林为对象，基于逻辑斯谛(Logistic)回归建立了包含气候和林分因子的枯死模型，发现影响枯死的气候因子为年平均温、年湿润指数和生长季降水量。Zhang 等(2014)以中国华北平原地区的油松和栎类为对象，构建了基于广义非线性混合效应模型的枯死模型[式(1.7)]；同样地，以中国杉木人工林为对象，采用贝叶斯层次 Logit 模型方法，建立了包含初植密度、气候和竞争的枯死概率模型(Zhang et al. 2017)。其他的方法还有 Probit 模型、Cloglog 模型、贝叶斯模型平均法等(张雄清等, 2019; Lu et al., 2019)。

$$
\begin{cases}
m_{ij} \mid \gamma_i \sim \text{NB}\left(n_{ij}p_{ij},\ n_{ij}p_{ij}\left(\dfrac{n_{ij}p_{ij}+a^{-1}}{a^{-1}}\right)\right) \\[2ex]
p_{ij} = 1 - \left(1 + e^{\beta_0+\beta_1 x+\gamma_i}\right)^{-c_j}
\end{cases} \tag{1.7}
$$

式中，m_{ij} 为第 i 个样地第 j 次调查的枯死概率的计数；γ_i 为样地水平的随机效应参数；n_{ij} 为第 i 个样地第 $j-1$ 次调查时的存活株数；m_{ij} 为第 i 个样地第 $j-1$ 次到第 j 次调查之间枯死的概率；x 为气候变量；a 为过渡扩散指数；c 为调查间隔。

Thapa 和 Burkhart（2015）以美国西南部的火炬松为对象，构建了差分形式的林分枯损模型：

$$N_2 = \left[N_1^{b_0} + b_1 \left(\frac{\mathrm{SI}}{10000} \right)^{b_2 + b_3 \mathrm{HI} + b_4 \mathrm{DI} + b_5 \mathrm{STI}} \left(\mathrm{age}_2^{b_6} - \mathrm{age}_1^{b_6} \right) \right]^{\frac{1}{b_0}} \tag{1.8}$$

式中，N_2 和 N_1 为当期和上一期的林分每公顷株数；age_2 和 age_1 为当期和上一期的林分年龄；SI 为地位指数；HI 为高温指数；DI 为干旱指数；STI 为土壤质地指数；$b_0 \sim b_6$ 为模型参数。

1.1.3.3　单木胸径生长模型

由于胸径容易测量且和大多数其他林分因子有较强的关系，预测气候变化对胸径生长的影响也有大量的研究。传统的胸径生长模型，驱动变量往往只包括起初大小、竞争和立地因子，新的模型则加入气候因子作为自变量。Cortini 等（2011）建立了加拿大阿尔伯塔省 6 个主要树种的直径预测模型[式（1.9）]，包含的气候因子有夏季平均降水量、年湿热指数、夏季湿热指数、大于等于 5℃积温和水分亏缺，直接作为修正项加入模型。

$$\mathrm{DBH} = \beta_0 \times (\mathrm{HT} - 1.29)^{\beta_1} \times \mathrm{CA}^{\beta_2} \times (1 + \mathrm{BAL})^{\beta_3} \times \mathrm{Climate}^{\beta_4} \tag{1.9}$$

式中，DBH 为胸径；HT 为树高；CA 为树冠表面积；BAL 为竞争指数；Climate 为气候因子。

Rohner 等（2016）建立的单木断面积生长模型[式（1.10）]，驱动因子包括胸径、竞争、立地、经营和气候，气候因子有温度、现实与潜在蒸散的比值及降水量，以再参数化的方式进入模型。类似的还有 Zeng 等（2017）和 Saud 等（2019）的研究。Zeng 等（2017）采用再参数化的直径生长模型[式（1.11）]；Saud 等（2019）的生长模型采用混合效应 Logistic 形式，在气候因子的处理上采取了线性化（再参数化）[式（1.12）]和指数修正项[式（1.13）]两种形式，结果表明指数修正项的效果要优于线性化的效果。

$$\mathrm{BAI} = e^{b_1 \times (1 - e^{b_2 \times \mathrm{DBH}})} \times e^{(\beta_0 + \beta_1 X_1 + \beta_2 X_2 + \cdots + \beta_i X_i)} \tag{1.10}$$

式中，BAI 为单木断面积生长量；X_i 为林分、立地和气候因子；b_i、β_i 为参数。

$$D = (a + a_1\text{MAT} + a_2\text{MAP})\left\{1 - e^{[(-b-b_1\text{MAT}-b_2\text{MAP})A]}\right\}^{(c+c_1\text{MAT}+c_2\text{MAP})} + \varepsilon \quad (1.11)$$

式中，D 为胸径；A 为年龄；MAT 为年平均气温；MAP 为年平均降水量；a、b、c 为参数。

$$\text{BAI}_{ijk} = \frac{\beta_1 B_{ijk}{}^{\beta_2} - (\beta_1 B_{ijk} / B_{\max}{}^{1-\beta_2})}{1 + \exp(\beta_3 + \beta_4\text{Bs}_{jk} + \beta_5 Ajk + \beta_6\text{CI}_{ijk} + \beta_7 B_{ijk} + \beta_8\text{DTMA6}_{ij} + \beta_9\text{DPPT9}_{jk})} + \varepsilon_{ijk}$$

$$(1.12)$$

$$\text{BAI}_{ijk} = \frac{\beta_1 B_{ijk}{}^{\beta_2} - (\beta_1 B_{ijk} / B_{\max}{}^{1-\beta_2})}{1 + \exp(\beta_3 + \beta_4\text{Bs}_{jk} + \beta_5 Ajk + \beta_6\text{CI}_{ijk} + \beta_7 B_{ijk})} \exp(\beta_8\text{DTMA6}_{ij} + \beta_9\text{DPPT9}_{jk}) + \varepsilon_{ijk}$$

$$(1.13)$$

式中，BAI_{ijk} 为第 i 个样地第 j 株树第 k 个生长区间的断面积生长量；B_{ijk}、$B_{\max}$、Bs_{jk} 分别为单木生长间隔的断面积中值、断面积最大值和林分断面积；A 为林分年龄；CI_{ijk} 为竞争指数；DTMA6 为 6 月的平均气温和最高温度之差，DPPT9_{jk} 为样地在 k 生长间隔的 9 月降水量与整个观测期 9 月平均降水量的差值；β_i 为参数。

余黎等 (2014) 采用广义可加模型建立了落叶松云冷杉针阔混交林的单木直径生长模型[式 (1.14)]，发现生长季积温、生长季最低气温、年平均总降水量、月气温差以及年平均气温与年平均总降水量之比 5 个气候因子对该类型的落叶松、红松、冷杉、云杉、慢阔和中阔 6 个树种 (组) 的单木的年平均胸径生长量都有显著的影响；基于同样的数据，机器学习算法如随机森林、多元自适应样条、最近邻体、Bagging 回归等，也用于包含气候因子的单木直径生长模型建立 (欧强新等，2019; Ou et al., 2019)。张海平等 (2017) 采用线性回归方法，也建立了包含气象因子的白桦单木胸径生长模型，发现生长季最低温度和生长季降水量显著影响胸径生长，引入气象因子的单木生长模型比仅含林分因子的单木生长模型确定系数提高了 11% ($R_a{}^2 = 0.56$)；类似的，直接将气候因子纳入线性生长模型的有 Oboite 和 Comeau (2020)、Navarro-Cerrillo 等 (2020)、Helluy 等 (2020) 等建立的模型。

$$\ln(\Delta D_{ij} + 1) = \beta_0 + S_i + f_1(\text{Size}_{ij}) + f_2(\text{Comp}_{ij}) + f_3(\text{Stand}_{ij}) + f_4(\text{Climate}_{ij}) + \varepsilon_{ij}$$

$$(1.14)$$

式中，ΔD_{ij} 为 1986～2010 年任意 5 年间隔的第 i 树种第 j 个体的胸径生长量；

$f_1(\text{Size}_{ij})$、$f_2(\text{Comp}_{ij})$、$f_3(\text{Stand}_{ij})$、$f_4(\text{Climate}_{ij})$分别为单木大小因子、竞争因子、林分因子和气候因子对应的光滑函数；S_i为树种组的分类变量；β_0为模型参数；ε_{ij}为模型误差。

1.1.3.4　进界模型

含有气候因子的林分进界模型研究较少。Prior 等(2009)采用广义线性混合效应模型，研究了澳大利亚北部森林的进界率，其中的自变量包括林火的频率、林分断面积、株数、树种组和年平均降水量。Xiang 等(2016)以近天然落叶松云冷杉阔叶混交林为对象，基于 25 年的固定样地连续观测数据，采用零膨胀负二项回归模型和泊松混合模型等方法，建立了气候敏感的林分进界模型；发现年平均气温、年最低温度、生长季最低温度和温度与降水的比值 4 个气候因子对林分进界有显著的影响。Zell 等(2019)用瑞士的森林资源清查数据建立了含气候因子进界模型，比较了零膨胀泊松(zero-inflated Poisson, ZIP)、负二项(negative binomial, NB)和零膨胀负二项(zero-inflated negative binomial distribution, ZINB)回归模型的结果，发现影响进界数量的主要因子是林分发育阶段和断面积，而温度、降水、氮沉降和持水能力的影响较小，但在统计上达到显著水平。

1.1.3.5　生物量模型

由于森林通过吸收二氧化碳可以发挥其在减缓气候变化中的作用，林木生物量模型建立成为一项重要研究内容。同样，气候变化可能改变树木生物量组分的分配和异速生长关系(Rudgers et al., 2019)，研究人员也建立了气候敏感的森林生物量模型。Fu 等(2017a)基于实测的马尾松单株生物量数据，在传统的一元生物量估计模型(只有胸径)中加入了气候因子，建立了气候敏感的马尾松单木生物量模型[式(1.15)]。Zeng 等(2017)则采用再参数化的方法，建立了包含气候因子(年平均气温和年降水量)的落叶松地上生物量模型系(联立方程组)，包括地上生物量、地下生物量、单株材积、生物量转换因子和根茎生物量之比，保证了各变量间的相容性[式(1.16)]。其他类似的有 Fu 等(2017b)、Usoltsev 等(2019)、李亚藏和冯仲科(2019)的研究。

$$\text{AGB} = [\exp(\beta_0 + L \times S + k_1 T_1 + k_2 T_2)\text{TGSP}^{\beta_2}\text{MGST}^{\beta_3}\text{MTWQ}^{\beta_4}\text{PWQ}^{\beta_5}]D^{\beta_1} + \varepsilon$$

$$(1.15)$$

式中，AGB 为单木地上生物量；D为单木胸径；S为林分起源；T_i为表征气候带的哑变量；TGSP 为生长季降水量；MGST 为生长季平均气温；MTWQ 为最湿季平均气温；PWQ 为最湿季降水量；L、k_1、k_2、β_i为参数；ε为随机误差。

$$
\begin{cases}
M_a = (a_0 + a_{01}\mathrm{MAT} + a_{02}\mathrm{MAP})D^{(a_1 + a_{11}\mathrm{MAT} + a_{12}\mathrm{MAP})} + \varepsilon \\
M_b = (b_0 + b_{01}\mathrm{MAT} + b_{02}\mathrm{MAP})D^{(b_1 + b_{11}\mathrm{MAT} + b_{12}\mathrm{MAP})} \cdot I + \varepsilon \\
V = (c_0 + c_{01}\mathrm{MAT} + a_{02}\mathrm{MAP})D^{(c_1 + c_{11}\mathrm{MAT} + c_{12}\mathrm{MAP})} + \varepsilon \\
\mathrm{BCF} = (a_0 + a_{01}\mathrm{MAT} + a_{02}\mathrm{MAP})D^{(a_1 + a_{11}\mathrm{MAT} + a_{12}\mathrm{MAP})} / [(c_0 + c_{01}\mathrm{MAT} \\
\qquad + c_{02}\mathrm{MAP})D^{(c_1 + c_{11}\mathrm{MAT} + c_{12}\mathrm{MAP})}] + \varepsilon \\
\mathrm{RSR} = (b_0 + b_{01}\mathrm{MAT} + b_{02}\mathrm{MAP})D^{(b_1 + b_{11}\mathrm{MAT} + b_{12}\mathrm{MAP})} \cdot I / [(a_0 + a_{01}\mathrm{MAT} \\
\qquad + a_{02}\mathrm{MAP})D^{(a_1 + a_{11}\mathrm{MAT} + a_{12}\mathrm{MAP})}] + \varepsilon
\end{cases}
\tag{1.16}
$$

式中，M_a 为单株地上生物量；M_b 为单株地下生物量；V 为单株材积；BCF 为生物量转换因子；RSR 为根和干的生物量比；MAT 为年平均气温；MAP 为年降水量；其他符号为模型参数；ε 为随机误差。

1.1.4 生长模型系统

除了以上的单个生长模型外，也有一些研究通过加入气候变量，将传统的经验生长模型系统进行修正，实现气候变化下森林多个变量的联合预估。

1.1.4.1 气候敏感的林分层次生长模型系统

Lei 等(2016)在传统的全林生长模型(唐守正, 1991)基础上, 利用联立方程组, 通过对林分断面积和优势高生长方程进行再参数化加入气候因子[式(1.17)、式(1.18)], 构建了新的气候敏感的长白落叶松全林整体模型(CS-ISGM), 揭示了气候变化对长白落叶松生长的调控作用, 发现了气候对森林生长影响的年龄效应。其他的模型如 FORMIT-M(Härkönen et al., 2019), 是一个开放的森林生长模型, 可以模拟气候变化下不同森林经营的生长收获。

$$
\mathrm{BA} = [b_1 + b_6 \mathrm{BIO9} + b_7 \ln(\mathrm{BIO13})]\mathrm{SI}^{b_2}\left\{1 - \exp\left[-b_4\left(\frac{\mathrm{SDI}}{10000}\right)^{b_5}(A - t_0)\right]\right\}^{b_3}
\tag{1.17}
$$

$$
\mathrm{Hd} = \mathrm{SI}\exp\left\{\frac{[b + h_1\mathrm{BIO9} + h_2\ln(\mathrm{BIO13})]}{A_0} - \frac{[b + h_1\mathrm{BIO9} + h_2\ln(\mathrm{BIO13})]}{A}\right\}
\tag{1.18}
$$

式中，BA 为林分断面积；Hd 为林分优势高；SI 为地位指数；SDI 为林分密度指数；A 为林分年龄；A_0 为基准年龄；t_0 为树高为 1.3 m 时的年龄；BIO9 为最干季的平均气温；BIO13 为最湿月的降水量；其他符号为模型参数。

1.1.4.2　气候敏感的矩阵生长模型系统

Liang 等(2011)以美国阿拉斯加针叶林为对象,建立了气候敏感的矩阵生长模型 CSMatrix,包括直径生长、枯死和进界 3 个子模型。模型自变量除了传统的林分因子外,还包括生长季平均气温和年降水量,并以二项式的形式来表示。将该模型进一步改进用于气候变化下的林分生长预测(Ma et al., 2019);新的基于随机森林算法的矩阵生长模型 RFMatrix 也应用于气候变化下美国硬阔叶林区的林分动态预测(Ma et al., 2020)。

1.1.4.3　气候敏感的单木生长模型系统

由于混交林经营成为一种趋势,所以建立了许多单木生长模拟系统,但大多假定气候不变,不能预测气候变化下的森林生长。德国的 SILVA 是为数不多的含有气候效应的单木生长模型(Pretzsch et al., 2002),其采用潜在生长量修正方法建立模型,包括直径生长、高生长、枯死和树冠等模型,其中高生长模型中用包含气候因子的立地变量作为驱动,从而使整个生长预测可以反映气候变化的影响。FVS 是美国林务局开发的一个单木生长模型系统,由生长、枯死、更新和立地潜力等子模型组成。该模型以前假定气候不变,为了适应气候变化下的生长预测,通过考虑树种-气候关系来修正生长、枯死和更新等模型,建立了新的气候敏感的模型 FVS-Climate (https://www.fs.fed.us/fvs/whatis/climate-fvs.shtml),并将其用于大尺度的气候变化影响模拟(Crookston et al., 2010)。Trasobares 等(2016)建立了气候敏感的山毛榉同龄林的生长收获模型,包括直径生长、高生长和枯死模型[式(1.19)~式(1.21)],方法也是直接加入气候变量。瑞士也开发了一套气候敏感的单木生长模型系统 SwissStandSim(Zell, 2016),包括直径生长、高生长、枯死、进界和收获等模型,模型的自变量包括了温度和降水量等气候因子。

$$
\begin{aligned}
\ln(\text{id5}_{lkt}) = {} & \beta_1 + \beta_2 \times \sqrt{\text{dbh}_{lkt}} + \beta_3 \text{dbh}_{lkt}^2 + \beta_4 \times \frac{\text{BAL\_rem}_{lkt}}{\ln(\text{dbh}_{lkt}+1)} \\
& + \beta_5 \times \ln(\text{G\_rem}_{lkt}) + \beta_6 \times \text{BAL\_thin}_{lkt} + \beta_7 \times \text{DI}_{lt} \\
& + \beta_8 \times \text{GDDI}_{lt} + u_l + u_{lt} + u_{lk} + e_{lkt}
\end{aligned}
\tag{1.19}
$$

$$
\begin{aligned}
\ln(\text{ih5}_{lkt}) = {} & \beta_1 + \beta_2 \times \sqrt{h_{lkt}} + \beta_3 h_{lkt}^2 + \beta_4 \times \frac{\text{BAL\_rem}_{lkt}}{\ln(\text{dbh}_{lkt}+1)} \\
& + \beta_5 \times \text{BAL\_thin}_{lkt} + \beta_6 \times \ln(\text{BAL\_thin}_{lkt}+1) + \beta_7 \times \text{DI}_{lt} \\
& + \beta_8 \times \text{GDDI}_{lt} + u_l + u_{lt} + u_{lk} + e_{lkt}
\end{aligned}
\tag{1.20}
$$

$$
P(\text{surv})_{lkt} = \frac{1}{1 + \exp\left(\beta_0 + \beta_1 \times \dfrac{\text{BAL\_rem}_{lkt}}{\ln(\text{dbh}_{lkt}+1)} + \beta_2 \times \text{DI}_{lt}\right)}
\tag{1.21}
$$

式中，$id5_{lkt}$、$ih5_{lkt}$、$P(surv)_{lkt}$ 分别为 5 年间的直径生长量、高生长量和存活概率；BAL_rem_{lkt} 为间伐后的单木竞争指数；BAL_thin_{lkt} 为断面积间伐强度；dbh 为起初胸径；DI 为干燥指数；GDDI 为生长季积温指数；u_l、u_{lt}、u_{lk}、e_{lkt} 分别为样地间、调查期、树木间、树木内的随机效应；l、k、t 分别为样地、树木和调查期。

1.2 过程生长模型

过程生长模型主要用于认识和理解生理过程，尤其是环境变量的影响，在预测长期气候变化对森林生长和生产力的影响方面有巨大的优势。已经有大量的过程生长模型用于模拟气候变化对森林生长和生产力的影响（Medlyn et al., 2011），如 CENTURY（Smithwick et al., 2009）、4C（Gutsch et al., 2011）、BIOME-BGC（Pietsch et al., 2005）、PnET（Ollinger et al., 2008）、3PG（Landsberg et al., 2003）等。模型需要输入的气候因子主要包括太阳辐射、温度、降水量、蒸汽压亏缺等。此外，海拔、土壤质地和土壤厚度也是重要的自变量。表 1-3 列出了主要的用于森林经营的过程生长模型及在生长收获预估中的应用。

表 1-3 主要的模拟气候变化和森林经营影响的过程和混合生长模型

模型	空间尺度	时间尺度	开发地区	应用案例	文献
3-PG/3-PGmix	林分	月	澳大利亚	气候变化下的森林生长（Coops et al., 2001; Xie et al., 2017）、生产力（Lu et al., 2015; Augustynczik et al., 2017）	Landsberg and Waring, 1997; Landsberg et al., 2003; Gupta and Sharma, 2019
EFIMOD	单木	年	欧洲林业研究所	气候变化下的森林生长（Van Oijen et al., 2008; Tatarinov et al., 2009）	Chertov et al., 1999; Shanin et al., 2016
FORECAST-Climate	林分	天	加拿大	气候变化下的森林生长（Kang et al., 2017）、生产力和枯死（Seely et al., 2015）	Seely et al., 2015
ForClim	林分	月	瑞士	气候变化下的生态服务（Mina et al., 2017）、枯死（Vanoni et al., 2019）、生物量（Scheller and Mladenoff, 2005）	Bugmann, 1996
FORESEE（4C）	林分	天	德国	气候变化下的森林生长（Gonzalez-Benecke et al., 2017）、生态服务（Gutsch et al., 2018）、经营措施（Lasch et al., 2005）、碳分配（Merganicova et al., 2019）等	Lasch et al., 2005; Bugmann et al., 1997
LANDIS-II	景观	月	美国	气候变化下的林分动态（Wu et al., 2019b）、枯死（Gustafson and Sturtevant, 2013）	Scheller et al., 2007
PICUS	林分	年	奥地利	气候变化下的森林动态和功能（Taylor et al., 2017; Irauschek et al., 2017）	Lexer and Hönninger, 2001; Taylor et al., 2017;
Triplex/Triplex-management	林分	月	加拿大	气候变化和采伐对碳的影响（Peng et al., 2009; Wang et al., 2012b, 2013）	Peng et al., 2002

　　然而,在哪种生理过程限制森林的长期动态变化方面仍存在巨大争议(Reynolds et al., 2001; Körner, 2006; Braun et al., 2010)。由于过程生长模型参数众多、模拟步长过细、参数拟合和验证需要大量的数据等,往往限制了其在森林经营中的应用(Bartelink and Mohren, 2004)。因此,迄今为止,只有部分过程生长模型用于森林经营(Alam et al., 2008; Gutsch et al., 2011)。其难点是如何确定影响森林生长的过程,并在模型中包含经营措施的影响,输出森林经营中需要的参数如生长量和收获量等,为森林经营服务。

1.3　混合生长模型

　　混合生长模型结合了过程生长模型和经验生长模型两者的优点,也在关于气候变化对森林生长收获和生产力的影响研究中得到了应用。典型的例子,如加拿大的 FORECAST 模型(Kimmins et al., 2010),模拟北方针叶林的 Triplex 模型(Peng et al., 2009),用过程生长模型 FinnFor 和经验生长模型 Motti 的结合模拟温度及二氧化碳变化下芬兰的资源变化(Kärkkäinen et al., 2008),美国的森林生长混合模拟系统 FVS-BGC(经验生长模型 FVS 与过程生长模型 STAND-BGC 的结合)组成的混合模拟系统(Kelsey et al., 2003; Wang et al., 2008),用过程生长模型 MAESTRO 和经验生长模型 PTAEDA2 的结合模拟温度、降雨、二氧化碳、臭氧、氮分解 5 个环境因素变化下的美国森林的变化(Baldwin et al., 2001),等等。由于混合生长模型出现较晚,如何更好地应用于森林经营决策,仍需开展大量研究工作。

1.4　问题与趋势

1.4.1　经验生长模型

　　传统的经验生长模型由于假设未来森林的生长不变,所以不能预测气候变化下的森林生长,也不符合生物学实际。因此,通过直接加入气候因子或运用再参数化的方法加入气候因子得到越来越多的应用。同经验生长模型一样,它具有简单、容易应用等优点。一方面,需要完善传统的经验生长模型,尤其是更新和枯死模型,形成完整的模型系统。另一方面,以前建立的生长模型都可以通过这种方法使其具有气候敏感性,最近已用于树冠比(Yang and Huang, 2018)、自稀疏等模型的改进等(Brunet-Navarro et al., 2016; Kweon and Comeau, 2017; Zhang et al., 2018; de Prado et al., 2020)。在这些模型的建立过程中,不同分辨率的气候因子的选择和参数化的形式是一个关键。目前的参数化大多数采用线性形式,并不能真实地反映气候对生长的影响。随着机器学习算法的发展,一些非参数方法将会广泛应用于气象因子选择和生长预测(Wu et al., 2019a; González-Rodríguez and

Diéguez-Aranda, 2020)。另外，由于气候因子没有与生理过程发生联系，使得模型的解释变得困难。

1.4.2　多模型集成

过程生长模型由于能反映气候对森林生长和生物量分配影响的机理，容易解释，其模拟的时间和空间尺度比较灵活，在应用气候变化的适应性森林经营中发挥着重要的作用。其中林窗模型中的更新过程仍是最难模拟的部分，且部分模型参数众多和复杂，限制了它们在森林管理中的应用。各个模型侧重的过程和适用的森林类型并不相同，存在较大的不确定性。将多个模型(过程生长模型和经验生长模型)的结果进行比较和综合集成(Girardin et al., 2008)，以及模型-数据融合，有助于增强对气候变化对森林影响的理解，能获得更可靠的预测结果，降低模型预测的不确定性(Radtke and Robinson, 2006; van Oijen et al., 2013; Bugmann et al., 2019; Cailleret et al., 2020)。

1.4.3　多数据融合

由于研究对象的时空尺度不同，在建模过程中有不同类型的数据，包括精细反映生长和气候变化的年轮数据、固定样地重复观测数据、空间代时间样地、遥感数据、不同时间间隔的气候数据等。由于数据来源的差异，即使同一问题，也可能得到不同的结论，同样也存在不确定性。年轮数据提供了精细的气候对生长影响的信息，但缺少林分状态信息，不能排除非气候林分因子的影响；而森林资源清查固定样地数据记录了树木和林分的状态信息，但间隔期长。因此，可将年轮数据和样地重复观测数据相结合，减少气候之外的固定效应的不确定性(Rohner et al., 2016; Evans et al., 2017; Vanoni et al., 2019)。

1.4.4　多因子交互作用

森林生长受到生物因子(树种、年龄、林分密度、竞争、经营措施等)和非生物因子(气候、地形、土壤等)的综合影响，这些因子的交互作用并不十分清楚。考虑交互作用往往会增加模型的复杂性，同时会修正单个因子的结论。例如，当只考虑气候变化时，约 61%的模拟为正效应，35%的模拟为负效应；但当同时考虑气候变化和 CO_2 浓度增加时，则都为正效应(Reyer, 2015)。气候因子、竞争和森林经营的交互作用也持续受到关注(Yousefpour et al., 2017)。例如，研究发现混交降低了直径生长对气候的敏感性(Thurm et al., 2016)；不同树种直径生长对气候的敏感性受到邻近树的影响(Laskurain et al., 2018)；间伐增加了气候对直径生长的正效应(Aldea et al., 2017)；等等。总的来说，目前的模型仍缺少这些因子的交互作用表达。

参 考 文 献

李亚藏, 冯仲科. 2019. 气候敏感的马尾松生物量相容性方程系统研建. 林业科学, 55(5): 65-73.

欧强新, 雷相东, 沈琛琛, 等. 2019. 基于随机森林算法的落叶松-云冷杉混交林单木胸径生长预测. 北京林业大学学报, 41(9): 9-19.

唐守正. 1991. 广西大青山马尾松全林整体生长模型及其应用. 林业科学研究, 4: 8-13.

余黎, 雷相东, 王雅志, 等. 2014. 基于广义可加模型的气候对单木胸径生长的影响研究. 北京林业大学学报, 11(5): 22-32.

张海平, 李凤日, 董利虎, 等. 2017. 基于气象因子的白桦天然林单木直径生长模型. 应用生态学报, 28(6): 1851-1859.

张雄清, 王翰琛, 鲁乐乐, 等. 2019. 杉木单木枯损率与初植密度、竞争和气候因子的关系. 林业科学, 55(3): 72-78.

Aertsen W, Kint V, Muys B, et al. 2012. Effects of scale and scaling in predictive modelling of forest site productivity. Environmental Modelling and Software, 31: 19-27.

Alam A, Kilpelenen A, Kellomei S. 2008. Impacts of thinning on growth, timber production and carbon stocks in Finland under changing climate. Scandinavian Journal of Forest Research, 23: 501-512.

Albert M, Schmidt M. 2010. Climate-sensitive modelling of site-productivity relationships for Norway spruce [*Picea abies* (L.) Karst.] and common beech (*Fagus sylvatica* L.). Forest Ecology and Management, 259: 739-749.

Aldea J, Bravo F, Bravo-Oviedo A, et al. 2017. Thinning enhances the species-specific radial increment response to drought in Mediterranean pine-oak stands. Agricultural and Forest Meteorology, 237: 371-383.

Allen C D, Macalady A K, Chenchouni H, et al. 2010. A global overview of drought and heat-induced tree mortality reveals emerging climate change risks for forests. Forest Ecology and Management, 2010, 259(4): 660-684.

Augustynczik A L D, Hartig F, Minunno F, et al. 2017. Productivity of *Fagus sylvatica* under climate change: A Bayesian analysis of risk and uncertainty using the model 3-PG. Forest Ecology and Management, 401: 192-206.

Baiey R L, Martin R W. 1996. Predicting dominant height from plantation age and the diameter distribution-site prepared loblolly pine. Southern Journal of Applied Forestry, 20: 148-150.

Baldwin V C, Burkhart H E, Westfall J A, et al. 2001. Linking growth and yield and process models to estimate impact of environmental changes on growth of loblolly pine. Forest Science, 47(1): 77-82.

Bartelink H H, Mohren G M J. 2004. Modelling at the interface between scientific knowledge and management issues. Towards the sustainable use of Europe's forests. Forest Ecosystem and Landscape Research: Scientific Challenges and Opportunities, 49: 21-30.

Bontemps J D, Herve J C, Dhote J F. 2009. Long-term changes in forest productivity: A consistent assessment in even-aged stands. Forest Science, 55(6): 549-564.

Braun S, Thomas V F D, Quiring R, et al. 2010. Does nitrogen deposition increase forest production. The role of phosphorus. Environmental Pollution, 158(6): 2043-2052.

Bravo-Oviedo A, Roig S, Bravo F. 2011. Environmental variability and its relationship to site index in Mediterranean maritine pine. Forest Systems, 20(1): 50-64.

Bravo-Oviedo A, Tome M, Bravo F, et al. 2008. Dominant height growth equations including site attributes in the generalized algebraic difference approach. Canadian Journal of Forest Research, 38(9): 2348-2358.

Brunet-Navarro P, Sterck F J, Vayreda J, et al. 2016. Self-thinning in four pine species: an evaluation of potential climate impacts. Annals of Forest Science, 73(4): 1025-1034.

Bugmann H, Grote R, Lasch P, et al. 1997. A new forest gap model to study the effects of environmental change on forest structure and functioning//Mohren G M J, Kramer K, Sabaté S (eds.). Global Change Impacts on Tree Physiology and Forest Ecosystems. Dordrecht: Kluwer Academic Publishers: 255-261.

Bugmann H, Seidl R, Hartig F, et al. 2019. Tree mortality submodels drive simulated long-term forest dynamics: assessing 15 models from the stand to global scale. Ecosphere, 10(2): e02616.

Bugmann H M. 1996. A simplified forest model to study species composition along climate gradients. Ecology, 77: 2055-2074.

Cailleret M, Bircher N, Hartig F, et al. 2020. Bayesian calibration of a growth-dependent tree mortality model to simulate the dynamics of European temperate forests. Ecological Applications, 30(1): e02021.

Charru M, Seynaveb I, Morneauc F, et al. 2010. Recent changes in forest productivity: An analysis of national forest inventory data for common beech (*Fagus sylvatica* L.) in north-eastern France. Forest Ecology and Management, 260: 864-874.

Chertov O G, Komarov A S, Tsiplianovsky A M. 1999. A combined simulation model of Scots pine, Norway spruce and Silver birch ecosystems in the European boreal zone. Forest Ecology and Management, 116: 189-206.

Coops N C, Waring R H. 2001. Assessing forest growth across southwestern Oregon under a range of current and future global change scenarios using a process model, 3-PG. Global Change Biology, 7(1): 15-29.

Corona P, Scotti R, Tarchiani N. 1998. Relationship between environmental factors and site index in Douglas-fir plantations in central Italy. Forest Ecology and Management, 110(1-3): 195-207.

Cortini F, Filipescu C N, Groot A, et al. 2011. Regional models of diameter as a function of individual tree attributes, climate and site characteristics for six major tree species in Alberta, Canada. Forests, 2(4): 814-831.

Crookston N L, Rehfeldt G E, Dixon G E, et al. 2010. Addressing climate change in the forest vegetation simulator to assess impacts on landscape forest dynamics. Forest Ecology and Management, 260(7): 1198-1211.

de Prado D R, San Martín R, Bravo F, et al. 2020. Potential climatic influence on maximum stand carrying capacity for 15 Mediterranean coniferous and broadleaf species. Forest Ecology and Management, 460: 117824.

Eckhart T, Pötzelsberger E, Koeck R, et al. 2019. Forest stand productivity derived from site conditions: an assessment of old Douglas-fir stands [*Pseudotsuga menziesii* (Mirb.) Franco var. *menziesii*] in Central Europe. Annals of Forest Science, 76(1): 19.

Evans M E K, Falk D A, Arizpe A, et al. 2017. Fusing tree-ring and forest inventory data to infer influences on tree growth. Ecosphere, 8(7): e01889.

Feldpausch T R, Banin L, Philli O L, et al. 2011. Height-diameter allometry of tropical forest trees. Biogeosciences, 8: 1081-1106.

Fitzgerald J, Lindner M. 2013. Adapting to Climate Change in European Forests–results of the MOTIVE Project. Sofia: Pensoft Publishers.

Food and Agriculture Organization(FAO). 2013. Climate change guidelines for forest managers. FAO Forestry Paper.

Fortin M, van Couwenberghe R, Perez V, et al. 2019. Evidence of climate effects on the height-diameter relationships of tree species. Annals of Forest Science, 76(1): 1.

Fries A, Lindgren D, Ying C C, et al. 2000. The effect of temperature on site index in western Canada and Scandinavia estimated from IUFRO *Pinus contorta* provenance experiments. Canadian Journal of Forest Research, 30: 921-929.

Fu L, Lei X, Hu Z, et al. 2017a. Integrating regional climate change into allometric equations for estimating tree aboveground biomass of Masson pine in China. Annals of Forest Science, 74(2): 42.

Fu L, Sun W, Wang G. 2017b. A climate-sensitive aboveground biomass model for three larch species in northeastern and northern China. Trees, 31 (2): 557-573.

Gauthier S, Bernier P, Burton P J, et al. 2014. Climate change vulnerability and adaptation in the managed Canadian boreal forest. Environmental Reviews, 22 (3): 256-285.

Girardin M P, Raulier F, Bernier P Y, et al. 2008. Response of tree growth to a changing climate in boreal central Canada: a comparison of empirical, process-based, and hybrid modelling approaches. Ecological Modelling, 213 (2): 209-228.

Gonzalez-Benecke C A, Teskey R O, Dinon-Aldridge H, et al. 2017. *Pinus taeda* forest growth predictions in the 21st century vary with site mean annual temperature and site quality. Global Change Biology, 23 (11): 4689-4705.

González-Rodríguez M A, Diéguez-Aranda U. 2020. Exploring the use of learning techniques for relating the site index of radiata pine stands with climate, soil and physiography. Forest Ecology and Management, 458: 117803.

Gupta R, Sharma L K. 2019. The process-based forest growth model 3-PG for use in forest management: a review. Ecological Modelling, 397: 55-73.

Gustafson E J, Sturtevant B R. 2013. Modeling forest mortality caused by drought stress: implications for climate change. Ecosystems, 16 (1): 60-74.

Gutsch M, Lasch P, Kollas C, et al. 2018. Balancing trade-offs between ecosystem services in Germany's forests under climate change. Environmental Research Letters, 13 (4): 045012.

Gutsch M, Lasch P, Suckow F, et al. 2011. Management of mixed oak-pine forests under climate scenario uncertainty. Forest Systems, 20: 453-463.

Hamel B, Bélanger N, Paré D. 2004. Productivity of black spruce and Jack pine stands in Quebec as related to climate, site biological features and soil properties. Forest Ecology and Management, 191 (1-3): 239-251.

Härkönen S, Neumann M, Mues V, et al. 2019. A climate-sensitive forest model for assessing impacts of forest management in Europe. Environmental Modelling and Software, 115: 128-143.

Helluy M, Prévosto B, Cailleret M, et al. 2020. Competition and water stress indices as predictors of *Pinus halepensis* Mill. radial growth under drought. Forest Ecology and Management, 460: 117877.

Irauschek F, Rammer W, Lexer M J. 2017. Evaluating multifunctionality and adaptive capacity of mountain forest management alternatives under climate change in the Eastern Alps. European Journal of Forest Research, 136 (5-6): 1051-1069.

Jiang H, Radtk, P J, Weiskittel A R, et al. 2014. Climate-and soil-based models of site productivity in eastern US tree species. Canadian Journal of Forest Research, 45 (3): 325-342.

Johnsen K, Samuelson L, Teskey R, et al. 2001. Process models as tools in forestry research and management. Forest Science, 47 (1): 2-8.

Kang H, Seely B, Wang G, et al. 2017. Simulating the impact of climate change on the growth of Chinese fir plantations in Fujian province, China. New Zealand Journal of Forestry Science, 47 (1): 20.

Kärkkäinen L, Matala J, Harkonen K, et al. 2008. Potential recovery of industrial wood and energy wood raw material in different cutting and climate scenarios for Finland. Biomass and Bioenergy, 32 (10): 934-943.

Kelsey S M, Dean W C, McMahan A J, et al. 2003. FVSBGC: A hybrid of the physiological model STAND-BGC and the forest vegetation simulator. Canadian Journal of Forest Research, 33 (3): 466-479.

Kimmins J P, Blanco J A, Seely B, et al. 2010. Forecasting Forest Futures: A Hybrid Modelling Approach to the Assessment of Sustainability of Forest Ecosystems and Their Values. London: Earthscan Ltd.

Kolström M, Lindner M, Vilén T, et al. 2011. Reviewing the science and implementation of climate change adaptation measures in European forestry. Forests, 2 (4): 961-982.

Körner C. 2006. Plant CO$_2$ responses: an issue of definition, time and resource supply. New Phytologist, 172(3): 393-411.

Kweon D, Comeau P G. 2017. Effects of climate on maximum size-density relationships in Western Canadian trembling aspen stands. Forest Ecology and Management, 406: 281-289.

Landsberg J J, Waring R H. 1997. A generalised model of forest productivity using simplified concepts of radiation-use efficiency, carbon balance and partitioning. Forest Ecology and Management, 95(3): 209-228.

Landsberg J J, Waring R H, Coops N C. 2003. Performance of the forest productivity model 3-PG applied to a wide range of forest types. Forest Ecology and Management, 172(2-3): 199-214.

Lasch P, Badeck F W, Suckow F, et al. 2005. Model-based analysis of management alternatives at stand and regional level in Brandenburg (Germany). Forest Ecology and Management, 207(1-2): 59-74.

Laskurain N A, Aldezabal A, Odriozola I, et al. 2018. Variation in the climate sensitivity dependent on neighbourhood composition in a secondary mixed forest. Forests, 9(1): 43.

Lei X, Yu L, Hong L. 2016. Climate-sensitive integrated stand growth model (CS-ISGM) of Changbai larch (*Larix olgensis*) plantations. Forest Ecology and Management, 376: 265-275.

Lexer M J, Hönninger K. 2001. A modified 3D-patch model for spatially explicit simulation of vegetation composition in heterogeneous landscapes. Forest Ecology and Management, 144(1-3): 43-65.

Liang J, Zhou M, Verbyla D L, et al. 2011. Mapping forest dynamics under climate change: a matrix model. Forest Ecology and Management, 262(12): 2250-2262.

Lines E R, Coomes D A, Purves D W. 2010. Influences of forest structure, climate and species composition on tree mortality across the eastern US. PLoS One, 5(10): e13212.

Lu L, Wang H, Chhin S, et al. 2019. A Bayesian Model Averaging approach for modelling tree mortality in relation to site, competition and climatic factors for Chinese fir plantations. Forest Ecology and Management, 440: 169-177.

Lu Y, Coops N C, Wang T, et al. 2015. A process-based approach to estimate Chinese fir (*Cunninghamia lanceolata*) distribution and productivity in southern China under climate change. Forests, 6(2): 360-379.

Luo Y, Chen H Y H. 2013. Observations from old forests underestimate climate change effects on tree mortality. Nature Communications, 4(1): 1-6.

Ma W, Lin G, Liang J. 2020. Estimating dynamics of central hardwood forests using random forests. Ecological Modelling, 419: 108947.

Ma W, Zhou X, Liang J, Zhou M. 2019. Coastal Alaska forests under climate change: what to expect. Forest Ecology and Management, 448: 432-444.

Matala J, Ojansuu R, Peltola H, et al. 2005. Introducing effects of temperature and CO$_2$ elevation on tree growth into a statistical growth and yield model. Ecological Modelling, 181(2-3): 173-190.

Mckenney D W, Pedlar J H. 2003. Spatial models of site index based on climate and soil properties for two boreal tree species in Ontario, Canada. Forest Ecology and Management, 175: 497-507.

Medlyn B E, Duursma R A, Zeppel M J B. 2011. Forest productivity under climate change: a checklist for evaluating model studies. Wiley Interdisciplinary Reviews: Climate Change, 2(3): 332-355.

Merganicova K, Merganic J, Lehtonen A, et al. 2019. Forest carbon allocation modelling under climate change. Tree Physiology, 39(12): 1937-1960.

Mina M, Bugmann H, Cordonnier T, et al. 2017. Future ecosystem services from European mountain forests under climate change. Journal of Applied Ecology, 54(2): 389-401.

Monserud R A, Huang S, Yang Y. 2006. Predicting lodgepole pine site index from climatic parameters in Alberta. The Forestry Chronicle, 82: 562-571.

Monserud R A, Yang Y Q, Huang S M, et al. 2008. Potential change in lodgepole pine site index and distribution under climatic change in Alberta. Canadian Journal of Forest Research, 38 (2): 343-352.

Navarro-Cerrillo R M, Manzanedo R D, Rodriguez-Vallejo C, et al. 2020. Competition modulates the response of growth to climate in pure and mixed *Abies pinsapo* subsp. *maroccana* forests in northern Morocco. Forest Ecology and Management, 459: 117847.

Neumann M, Mues V, Moreno A, et al. 2017. Climate variability drives recent tree mortality in Europe. Global Change Biology, 23 (11): 4788-4797.

Newton P F. 2012. Simulating site-specific effects of a changing climate on jack pine productivity using a modified variant of the CROPLANNER model. Open Journal of Forestry, 2 (1): 23.

Newton P F. 2016. Simulating the potential effects of a changing climate on black spruce and jack pine plantation productivity by site quality and locale through model adaptation. Forests, 7 (10): 223.

Nigh G, Ying C, Qian H. 2004. Climate and productivity of major conifer species in the interior of British Columbia, Canada. Forest Science, 50 (5): 659-671.

Nunes L, Patrício M, Tomé J, et al. 2011. Modeling dominant height growth of maritime pine in Portugal using GADA methodology with parameters depending on soil and climate variables. Annals of Forest Science, 68 (2): 311-323.

Oboite F O, Comeau P G. 2020. The interactive effect of competition and climate on growth of boreal tree species in western Canada and Alaska. Canadian Journal of Forest Research, 50 (5): 457-464.

Ollinger S V, Goodale C L, Hayhoe K, et al. 2008. Potential effects of climate change and rising CO_2 on ecosystem processes in northeastern U.S. Forests. Mitig Adapt Strat Glob Change, 13: 467-485.

Ou Q, Lei X, Shen C. 2019. Individual tree diameter growth models of larch-spruce-fir mixed forests based on machine learning algorithms. Forests, 10 (2): 187.

Peng C, Liu J, Dang Q, et al. 2002. TRIPLEX: a generic hybrid model for predicting forest growth and carbon and nitrogen dynamics. Ecological Modelling, 153 (1-2): 109-130.

Peng C, Ma Z, Lei X, et al. 2011. A drought-induced pervasive increase in tree mortality across Canada's boreal forests. Nature Climate Change, 1 (9): 467-471.

Peng C H, Zhou X L, Zhao S Q, et al. 2009. Quantifying the response of forest carbon balance to future climate change in northeastern China: model validation and prediction. Global Planet Change, 66: 179-194.

Peterson D L, Millar C I, Joyce L A, et al. 2011. Responding to climate change in national forests: a guidebook for developing adaptation options. Portland, OR: USDA, Forest Service, Pacific Northwest Research Station. General Technical Report PNW-GTR-855.

Pietsch S A, Hasenauer H, Thornton P E. 2005. BGC-model parameters for tree species growing in central European forests. Forest Ecology and Management, 211 (3): 264-295.

Pretzsch H, Biber P, Ďurský J. 2002. The single tree-based stand simulator SILVA: construction, application and evaluation. Forest Ecology and Management, 162 (1): 3-21.

Prior L D, Murphy B P, Russell-Smith J. 2009. Environmental and demographic correlates of tree recruitment and mortality in north Australian savannas. Forest Ecology and Management, 257 (1): 66-74.

Radtke P J, Robinson A P. 2006. A Bayesian strategy for combining predictions from empirical and process-based models. Ecological Modelling, 190 (3-4): 287-298.

Reyer C. 2015. Forest productivity under environmental change: a review of stand-scale modeling studies. Current Forestry Reports, 1 (2): 53-68.

Reynolds J F, Bugmann H, Pitelka L F. 2001. How much physiology is needed in forest gap models for simulating long-term vegetation response to global change? Challenges, limitations, and potentials. Climatic Change, 51 (3-4): 541-557.

Rohner B, Weber P, Thürig E. 2016. Bridging tree rings and forest inventories: how climate effects on spruce and beech growth aggregate over time. Forest Ecology and Management, 360: 159-169.

Rudgers J A, Hallmark A, Baker S R, et al. 2019. Sensitivity of dryland plant allometry to climate. Functional Ecology, 33 (12): 2290-2303.

Sabatia C O, Burkhart H E. 2014. Predicting site index of plantation loblolly pine from biophysical variables. Forest Ecology and Management, 326: 142-156.

Sample V A, Halofsky J E, Peterson D L. 2014. US strategy for forest management adaptation to climate change: building a framework for decision making. Annals of Forest Science, 71 (2): 125-130.

Saud P, Lynch T B, Cram D S, et al. 2019. An annual basal area growth model with multiplicative climate modifier fitted to longitudinal data for shortleaf pine. Forestry, 92 (5): 538-553.

Scheller R M, Domingo J B, Sturtevant B R, et al. 2007. Design, development, and application of LANDIS-II, a spatial landscape simulation model with flexible temporal and spatial resolution. Ecological Modelling, 201 (3-4): 409-419.

Scheller R M, Mladenoff D J. 2005. A spatially interactive simulation of climate change, harvesting, wind, and tree species migration and projected changes to forest composition and biomass in northern Wisconsin, USA. Global Change Biology, 11 (2): 307-321.

Scolforo H F, Scolforo J R S, Stape J L, et al. 2017. Incorporating rainfall data to better plan eucalyptus clones deployment in eastern Brazil. Forest Ecology and Management, 391: 145-153.

Seely B, Welham C, Scoullar K. 2015. Application of a hybrid forest growth model to evaluate climate change impacts on productivity, nutrient cycling and mortality in a montane forest ecosystem. PLoS ONE, 10 (8): e0135034.

Shanin V, Valkonen S, Grabarnik P, et al. 2106. Using forest ecosystem simulation model EFIMOD in planning uneven-aged forest management. Forest Ecology and Management, 378: 193-205.

Sharma M, Parton J. 2019. Modelling the effects of climate on site productivity of white pine plantations. Canadian Journal of Forest Research, 49 (10): 1289-1297.

Sharma M, Subedi N, Ter-Mikaelian M, et al. 2015. Modeling climatic effects on stand height/site index of plantation-grown jack pine and black spruce trees. Forest Science, 61 (1): 25-34.

Sharma R P, Brunner A, Eid T. 2012. Site index prediction from site and climate variables for Norway spruce and Scots pine in Norway. Scandinavian Journal of Forest Research, 27 (7): 619-636.

Shen C, Lei X, Liu H, et al. 2015. Potential impacts of regional climate change on site productivity of *Larix olgensis* plantations in northeast China. iForest-Biogeosciences and Forestry, 8 (5): 642.

Skovsgaard J P, Vanclay J K. 2008. Forest site productivity: a review of the evolution of dendrometric concepts for even-aged stands. Forestry, 81: 13-31.

Smithwick E A H, Ryan M G, Kashian D M, et al. 2009. Modeling the effects of fire and climate change on carbon and nitrogen storage in lodgepole pine (*Pinus contorta*) stands. Global Change Biology, 15: 535-548.

Tatarinov F A, Cienciala E. 2009. Long-term simulation of the effect of climate changes on the growth of main Central-European forest tree species. Ecological Modelling, 220 (21): 3081-3088.

Taylor A R, Boulanger Y, Price D T, et al. 2017. Rapid 21st century climate change projected to shift composition and growth of Canada's Acadian Forest Region. Forest Ecology and Management, 405: 284-294.

Thapa R, Burkhart H E. 2015. Modeling stand-level mortality of loblolly pine (*Pinus taeda* L.) using stand, climate, and soil variables. Forest Science, 61 (5): 834-846.

Thurm E A, Uhl E, Pretzsch H. 2016. Mixture reduces climate sensitivity of Douglas-fir stem growth. Forest Ecology and Management, 376: 205-220.

Trasobares A, Zingg A, Walthert L, et al. 2016. A climate-sensitive empirical growth and yield model for forest management planning of even-aged beech stands. European Journal of Forest Research, 135 (2): 263-282.

Ung C H, Bernier P Y, Raulier F, et al. 2001. Biophysical site indices for shade tolerant and intolerant boreal species. Forest Science, 47 (1): 83-95.

Usoltsev V A, Zukow W, Osmirko A A, et al. 2019. Additive biomass models for *Quercus* spp. single-trees sensitive to temperature and precipitation in Eurasia. Central European Journal of Forestry, 65: 166-179.

van Mantgem P J, Stephenson N L. 2007. Apparent climatically induced increase of tree mortality rates in a temperate forest. Ecology Letters, 10 (10): 909-916.

van Oijen M, Ågren G I, Chertov O, et al. 2008. Evaluation of past and future changes in European forest growth by means of four process-based models//Kahle H P, Karjalainen T, Schuck A, et al. Causes and consequences of forest growth trends in Europe. Brill: Leiden, 183-199.

van Oijen M, Reyer C, Bohn F J, et al. 2013. Bayesian calibration, comparison and averaging of six forest models, using data from Scots pine stands across Europe. Forest Ecology and Management, 289: 255-268.

Vanoni M, Cailleret M, Hülsmann L, et al. 2019. How do tree mortality models from combined tree-ring and inventory data affect projections of forest succession. Forest Ecology and Management, 433: 606-617.

Wang W, Peng C, Kneeshaw D D, et al. 2012a. Drought-induced tree mortality: ecological consequences, causes, and modeling. Environmental Reviews, 20 (2): 109-121.

Wang W, Peng C, Kneeshaw D D, et al. 2012b. Quantifying the effects of climate change and harvesting on carbon dynamics of boreal aspen and jack pine forests using the TRIPLEX-Management model. Forest Ecology and Management, 281: 152-162.

Wang W, Peng C, Kneeshaw D D, et al. 2013. Modeling the effects of varied forest management regimes on carbon dynamics in jack pine stands under climate change. Canadian Journal of Forest Research, 43 (5): 469-479.

Wang Y, Bauerle W L, Reynolds R F. 2008. Predicting the growth of deciduous tree species in response to water stress: FVS-BGC model parameterization, application, and evaluation. Ecological Modelling, 217 (1-2): 139-147.

Wang Y, LeMay V M, Baker T G. 2007. Modelling and prediction of dominant height and site index of Eucalyptus globulus plantations using a nonlinear mixed-effects model approach. Canadian Journal of Forest Research, 37: 1390-1403.

Wang Y, Raulier F, Ung C H. 2005. Evaluation of spatial predictions of site index obtained by parametric and nonparametric methods: a case study of lodgepole pine productivity. Forest Ecology and Management, 214 (1-3): 201-211.

Wu C, Chen Y, Peng C, et al. 2019a. Modeling and estimating aboveground biomass of *Dacrydium pierrei* in China using machine learning with climate change. Journal of Environmental Management, 234: 167-179.

Wu Z, Dai E, Wu Z, et al. 2019b. Future forest dynamics under climate change, land use change, and harvest in subtropical forests in Southern China. Landscape Ecology, 34 (4): 843-863.

Xiang W, Lei X, Zhang X. 2016. Modelling tree recruitment in relation to climate and competition in semi-natural *Larix-Picea-Abies* forests in northeast China. Forest Ecology and Management, 382: 100-109.

Xie Y, Wang H, Lei X. 2017. Application of the 3-PG model to predict growth of *Larix olgensis* plantations in northeastern China. Forest Ecology and Management, 406: 208-218.

Yang Y, Huang S. 2018. Effects of competition and climate variables on modelling height to live crown for three boreal tree species in Alberta, Canada. European Journal of Forest Research, 137(2): 153-167.

Yang Y, Huang S, Vassov R, et al. 2019. Climate sensitive height-age models for top height trees in natural and reclaimed oil sands stands in Alberta, Canada. Canadian Journal of Forest Research, 50(3): 297-307.

Yousefpour R, Temperli C, Jacobsen J B, et al. 2017. A framework for modeling adaptive forest management and decision making under climate change. Ecology and Society, 22: 40.

Zang H, Lei X, Ma W, et al. 2016. Spatial heterogeneity of climate change effects on dominant height of larch plantations in northern and northeastern China. Forests, 7(7): 151.

Zell J. 2016. A climate sensitive single tree stand simulator for Switzerland. Birmensdorf: Swiss Federal Institute of Forest, Snow and Landscape Research WSL: 107.

Zell J, Rohner B, Thürig E, et al. 2019. Modeling ingrowth for empirical forest prediction systems. Forest Ecology and Management, 433: 771-779.

Zeng W S, Duo H R, Lei X D, et al. 2017. Individual tree biomass equations and growth models sensitive to climate variables for *Larix* spp. in China. European Journal of Forest Research, 136(2): 233-249.

Zhang X, Cao Q V, Duan A, et al. 2017. Modeling tree mortality in relation to climate, initial planting density, and competition in Chinese fir plantations using a Bayesian Logistic multilevel method. Canadian Journal of Forest Research, 47(9): 1278-1285.

Zhang X, Chhin S, Fu L, et al. 2019. Climate-sensitive tree height-diameter allometry for Chinese fir in southern China. Forestry, 92(2): 167-176.

Zhang X, Lei Y, Pang Y, et al. 2014. Tree mortality in response to climate change induced drought across Beijing, China. Climatic Change, 124(1-2): 179-190.

Zhang X, Lu L, Cao Q V, et al. 2018. Climate-sensitive self-thinning trajectories of Chinese fir plantations in south China. Canadian Journal of Forest Research, 48(11): 1388-1397.

Zhou Y, Lei Z, Zhou F, et al. 2019. Impact of climate factors on height growth of *Pinussylvestris* var. *mongolica*. PLoS ONE, 14(3): e0213509.

第2章 数据与方法

2.1 研究区和数据

本研究的区域为中国东北、华北地区的北京市、河北省、黑龙江省、吉林省、辽宁省、内蒙古自治区、山西省，地理坐标为北纬 34°34′～53°33′、东经 97°12′～135°05′，北部紧靠俄罗斯和蒙古国，南部毗邻省份有山东省、河南省、陕西省、宁夏回族自治区，西部接壤甘肃省，东部连着朝鲜。

2.1.1 样地数据

2.1.1.1 样地数据介绍

本研究采用的样地数据来自全国森林资源连续清查的固定样地数据，在第六次(1999～2003 年)、第七次(2004～2008 年)、第八次(2009～2013 年)全国森林资源连续清查的固定样地数据中选取研究区域内(北京市、河北省、黑龙江省、吉林省、辽宁省、内蒙古自治区、山西省)的落叶松人工林固定样地数据，共得样地 550 个。样地的主要调查因子有地理坐标、地形、海拔、坡度、坡向、坡位、树种、年龄、5 cm 以上每木的胸径、立木类型、检尺类型等。黑龙江省、内蒙古自治区和山西省的落叶松并未区分到种，仅标记为"落叶松"。北京市、河北省、吉林省和辽宁省的落叶松树种有兴安落叶松[*Larix gmelinii* (Rupr.) Rupr.]、长白落叶松(*Larix olgensis* A. Henry)、华北落叶松(*Larix principis-rupprechtii* Mayr)、日本落叶松[*Larix kaempferi* (Lamb.) Carr.]。

2.1.1.2 样地数据处理

由于原始数据的部分样地存在多测木、错测木等问题，在研究前，首先对原始数据进行纠错，主要遵循以下原则。

(1)如果某一样木的前一期检尺类型是多测木、采伐木、枯倒木、枯立木，且该样木后一期有测量记录的，则将前一期的检尺类型改为保留木。

(2)如果某一样木的前一期检尺类型是多测木且该样木后一期没有测量记录的，全部删除。

(3)如果某一样木的后一期没有测量记录而该样木的前一期检尺类型不是枯立木、采伐木、枯倒木，则将前一期的检尺类型一律改为采伐木。

(4)如果某一样地的后一期树木断面积之和小于该样地前一期记录的保留木的断面积之和，则剔除该样地。

在初步纠错完成后，由于拟合林分株数转移模型需要同一样地至少有 2 期调查数据，因此仅选取至少有 2 期调查的样地数据。原始数据有 550 个样地，筛选后为 370 个样地，然后计算各样地的主要林分因子，具体计算方法如下。

1）林分优势高

依据 Zang 等（2016）针对东北和华北地区落叶松人工林构建的树高-胸径模型，预测筛选出的 370 个样地各期的树高缺失值，然后按每公顷选 100 株优势木的标准，计算各样地的优势高。由于建模样本中多数省仅含有一个树种，这可能会导致省水平和树种水平的随机效应参数估计不精确，因此 Zang 等（2016）将省和树种合并为一个变量，并命名为"Province+species"。具体的模型形式如下：

$$H_{ijk} = 1.3 + \left(\beta_0 + b_{0i} + b_{0ij}\right)\left(1 - e^{-\beta_1 D_{ijk}}\right)^{\beta_2} + \varepsilon_{ijk} \tag{2.1}$$

式中，H_{ijk}、D_{ijk} 分别为第 i 个"Province+species"第 j 个样地中第 k 株树的树高和胸径；β_0、β_1、β_2 为固定效应参数；b_{0i}、b_{0ij} 分别为"Province+species"水平和样地水平的随机效应参数，且 $b_{0i} \sim N(0, \psi_1)$、$b_{0ij} \sim N(0, \psi_2)$，$\psi_1$ 表示"Province+species"水平随机效应参数的方差协方差矩阵，ψ_2 表示样地水平随机效应参数的方差协方差矩阵；ε_{ijk} 为误差项，且 $\varepsilon_{ijk} \sim N(0, \boldsymbol{R}_{ij})$，$\boldsymbol{R}_{ij}$ 为第 i 个"Province+species"第 j 个样地内的方差协方差矩阵。

对应的参数估计结果见表 2-1，"Province+species"水平的随机效应参数估计值见表 2-2。

表 2-1　树高-胸径模型的参数估计结果

参数	估计值	标准差
β_0	16.1592	0.8791
β_1	0.0953	0.0055
β_2	1.4098	0.0567
δ_{0i}		1.5774
δ_{0ij}		1.7028
σ		1.1273

注：δ_{0i} 和 δ_{0ij} 是随机效应参数 b_{0i} 和 b_{0ij} 的标准差，σ 是组内误差项的标准差。

表 2-2　"Province+species" 水平的随机效应参数估计值

Province+species	b_{0i}
北京市+*Larix principis-rupprechtii*	−2.8366
河北省+*Larix principis-rupprechtii*	−3.2730
黑龙江省+*Larix*	2.5914
吉林省+*Larix kaempferi*	0.5712
吉林省+*Larix gmelinii*	2.3108
吉林省+*Larix olgensis*	0.8715
辽宁省+*Larix principis-rupprechtii*	−1.8548
辽宁省+*Larix kaempferi*	2.5773
辽宁省+*Larix olgensis*	2.9757
内蒙古自治区+*Larix*	−1.4682
山西省+*Larix*	−2.4654

2) 林分每公顷株数

$$N = \frac{n}{A} \tag{2.2}$$

式中，N 为每公顷株数 (株·hm^{-2})；n 为样地内树木的株数 (株)；A 为样地面积 (hm^2)。

3) 林分断面积

$$G = \frac{g}{A} \tag{2.3}$$

式中，G 为林分断面积 (m^2·hm^{-2})；g 为样地内树木的断面积之和 (m^2)；A 为样地面积 (hm^2)。

4) 林分活立木蓄积

$$V = \frac{M}{A} \tag{2.4}$$

式中，V 为林分蓄积 (m^3·hm^{-2})；M 为样地内活立木的蓄积之和 (m^3)；A 为样地面积 (hm^2)。

5) 林分生物量

依据《立木生物量模型及碳计量参数——落叶松》(LY/T 2654—2016) 中相应区域的地上和地下生物量公式计算样地中各单株木的总生物量 (地上和地下生物量之和)，见表 2-3，再依据下述公式计算得到林分生物量。

$$B = \frac{\sum \text{biomass}}{A} \tag{2.5}$$

式中，B 为包括地上部分和地下部分的林分生物量 $(\text{t} \cdot \text{hm}^{-2})$；biomass 为样地中各单株的总生物量，即地上生物量和地下生物量之和 (t)；A 为样地面积 (hm^2)。

表 2-3　各区域生物量计算公式

省(自治区、直辖市)	地上生物量/kg	地下生物量/kg
黑龙江省	$B = 0.11270D^{2.39582}$	$B = 0.042583D^{2.37053}$
吉林省		
辽宁省		
内蒙古自治区		
北京市	$B = 0.07302D^{2.47298}$	$B = 0.028287D^{2.36403}$
河北省		
山西省		

注：D 为单木胸径(cm)。

6）地位指数

依据臧颢(2016)构建的优势高生长模型，以 20 年为基准年龄，计算各样地的地位指数，具体的计算形式如下：

$$\text{SI}_{ij} = 1.3 + \left(\beta_0 + b_{0i} + b_{0ij} \right) e^{-\beta_1 e^{-\beta_2 \times 20}} \tag{2.6}$$

式中，SI_{ij} 为第 i 个省第 j 个样地的地位指数；b_{0i} 为省水平的随机效应参数，且 $b_{0i} \sim N(0, \psi_1)$，ψ_1 为省水平随机效应参数的方差协方差矩阵，b_{0ij} 为样地水平的随机效应参数，且 $b_{0ij} \sim N(0, \psi_2)$，$\psi_2$ 为样地水平随机效应参数的方差协方差矩阵。

经过样地数据处理，样地基本因子统计量如表 2-4 所示。

表 2-4　样地基本因子统计表

省(自治区、直辖市)	样地数	年龄/a	株数/(株·hm⁻²)	断面积/(m²·hm⁻²)	蓄积量/(m³·hm⁻²)	生物量/(t·hm⁻²)
北京市	7	27 (8.97)	655 (508.65)	7.66 (8.57)	45.16 (57.76)	39.76 (50.36)
河北省	64	22 (7.55)	964 (699.68)	8.98 (7.09)	48.65 (45.63)	43.18 (39.63)
黑龙江省	52	24 (8.87)	509 (547.80)	4.46 (4.85)	25.53 (31.96)	27.79 (32.79)
吉林省	131	20 (9.16)	925 (751.25)	6.93 (4.98)	47.34 (35.72)	40.83 (30.12)

续表

省(自治区、直辖市)	样地数	年龄/a	株数/(株·hm^{-2})	断面积/(m^2·hm^{-2})	蓄积量/(m^3·hm^{-2})	生物量/(t·hm^{-2})
辽宁省	56	18 (8.82)	701 (426.40)	7.06 (5.61)	52.78 (54.28)	46.29 (43.57)
内蒙古自治区	36	24 (8.07)	848 (802.01)	7.81 (6.67)	45.63 (41.61)	49.98 (43.48)
山西省	24	24 (8.84)	950 (596.98)	8.41 (6.58)	40.77 (40.46)	40.34 (36.71)
总计	370	22 (8.61)	829 (662.13)	7.15 (5.78)	44.69 (41.30)	41.07 (36.38)

注：括号内数据为标准差。

2.1.2　气候因子及数据来源

2.1.2.1　气候数据的来源

依据 550 块固定样地的坐标，从 Wang 等(2017)编写的提取亚太地区气候数据的 ClimateAP 软件中获得气候数据，包括 1951～2009 年、2010～2039 年、2040～2069 年、2070～2099 年 4 个时间段的 25 个生物气候因子(表 2-5)。1951～2009 年的气候数据作为当前气候，用来构建气候敏感的落叶松人工林林分生长模型；2010～2039 年、2040～2069 年、2070～2099 年的气候数据用来预测落叶松人工林未来的生长。2010～2039 年、2040～2069 年、2070～2099 年的气候数据考虑了不同程度碳排放量的 3 种气候情景，从低到高依次为 RCP2.6、RCP4.5、RCP8.5。

表 2-5　气候变量的含义说明

变量	描述
MAT/℃	年平均气温
MWMT/℃	最热月平均气温
MCMT/℃	最冷月平均气温
TD/℃	平均气温差
MAP/mm	年降水量
AHM/℃	年热湿比
DD5/℃	生长积温
Eref	Hargreaves 参考蒸发量
CMD	Hargreaves 水汽亏缺
Tave_MAM/℃	春季平均气温
Tave_JJA/℃	夏季平均气温
Tave_SON/℃	秋季平均气温

续表

变量	描述
Tave_DJF/℃	冬季平均气温
PPT_MAM/mm	春季降水量
PPT_JJA/mm	夏季降水量
PPT_SON/mm	秋季降水量
PPT_DJF/mm	冬季降水量
Eref_MAM	春季 Eref
Eref_JJA	夏季 Eref
Eref_SON	秋季 Eref
Eref_DJF	冬季 Eref
CMD_MAM	春季 CMD
CMD_JJA	夏季 CMD
CMD_SON	秋季 CMD
CMD_DJF	冬季 CMD

2.1.2.2　气候变量的筛选

气候因子的筛选过程有两步。

(1)先采用多元逐步回归对以气候因子为自变量的多元线性模型进行气候因子筛选,因变量视模拟对象不同而不同(有林分平均高、优势高、公顷株数、林分断面积、林分蓄积和林分生物量)。

(2)为了避免多重共线性,对步骤(1)中最后确定的多元线性模型计算各气候因子的方差膨胀因子,每次剔除方差膨胀因子最大的气候因子后重新计算余下各气候因子的方差膨胀因子,直到模型中所有气候因子的方差膨胀因子均小于 5。

研究认为步骤(2)中最终确定的模型中的气候因子是影响因变量的主要气候因子,并参与相应模型的构建。出于对比的考虑,林分年龄也作为一个自变量参与变量的筛选。

2.2　建　模　方　法

2.2.1　混合效应模型

为了消除嵌套的数据结构(省/样地/调查时间)带来的问题,本研究基于混合效应模型来构建落叶松林分生长收获模型。混合效应模型的一般形式如下(Lindstrom and Bates, 1990):

$$Y_i = f(\boldsymbol{\beta}, \boldsymbol{u}_i, \boldsymbol{X}_i) + \boldsymbol{\varepsilon}_i \tag{2.7}$$

式中,Y_i、X_i 分别为第 i 个样地的因变量向量和自变量向量;$\boldsymbol{\varepsilon}_i$ 为误差向量;$\boldsymbol{\beta}$、

u_i 分别为固定效应参数向量和随机参数向量，且 $\varepsilon_i \sim N(0, R_i)$、$u_i \sim N(0, \Psi)$，$R_i$ 和 Ψ 分别为第 i 个样地内的方差协方差矩阵和随机参数的方差协方差矩阵。本书中，随机参数的方差协方差结构采用广义正定矩阵的形式。

为了解决固定样地长期观测的调查数据中存在的自相关和异方差问题，在混合效应模型中，样地内的方差协方差矩阵可用下式表示 (Davidian and Giltinan, 1995)：

$$R_i = \sigma^2 \Phi_i^{0.5} \Gamma_i \Phi_i^{0.5} \qquad (2.8)$$

式中，σ^2 为描述样地共同方差的未知尺度参数；Φ_i 为用于描述样地内异方差结构的对角矩阵；Γ_i 为用于描述样地内自相关结构的矩阵。

由于本书所采用的数据的调查间隔并不相等，多数为 5 年，也有 4 年，而常用于描述样地内时间序列的一阶自回归模型、滑动平均模型、一阶自回归滑动平均模型都要求调查间隔相等，因此本书中不考虑时间自相关。

混合效应模型构建中最重要的步骤是确定哪些参数为混合参数 (固定参数+随机参数)。本书采用遍历法，将要构建的模型中的所有参数一开始都被考虑为混合参数，再分别用不同混合参数组合进行拟合，以 AIC (Akaike Information Criterion) 为评价指标，选择 AIC 值最小的形式作为最终模型。

2.2.2　联立方程组

由于本研究建立的生长模型为一组具有相关关系的模型，为解决基于混合效应模型的各林分生长收获模型之间误差的相关性，采用 Fang 等 (2001) 提出的一种基于混合效应模型的联立方程组的求解方法，构建了将林分优势高模型、林分断面积模型和林分蓄积量模型三者联立的含随机效应参数的林分生长收获模型系，其基本原理是利用哑变量将林分优势高、林分断面积和林分蓄积合并成一个长向量，再利用混合效应模型求解。其模型形式如下：

$$\begin{cases} Y_i = \begin{bmatrix} \mathbf{HD}_i \\ \mathbf{BA}_i \\ V_i \end{bmatrix} = \begin{bmatrix} f_1(\beta_1, u_{1,i}, X_{1,i})Z_1 + f_2(\beta_2, u_{2,i}, X_{2,i})Z_2 + f_3(\beta_3, u_{3,i}, X_{3,i})Z_3 \\ f_1(\beta_1, u_{1,i}, X_{1,i})Z_1 + f_2(\beta_2, u_{2,i}, X_{2,i})Z_2 + f_3(\beta_3, u_{3,i}, X_{3,i})Z_3 \\ f_1(\beta_1, u_{1,i}, X_{1,i})Z_1 + f_2(\beta_2, u_{2,i}, X_{2,i})Z_2 + f(\beta_3, u_{3,i}, X_{3,i})Z_3 \end{bmatrix} + \begin{bmatrix} \varepsilon_{1,i} \\ \varepsilon_{2,i} \\ \varepsilon_{3,i} \end{bmatrix} \\ \begin{bmatrix} u_{1,i} \\ u_{2,i} \\ u_{3,i} \end{bmatrix} \sim N(\mathbf{0}, \Psi) \\ \begin{bmatrix} \varepsilon_{1,i} \\ \varepsilon_{2,i} \\ \varepsilon_{3,i} \end{bmatrix} \sim N(\mathbf{0}, R_i) \end{cases}$$

$$(2.9)$$

式中，Y_i 为第 i 个样地的因变量向量；$\mathbf{HD}_i$、$\mathbf{BA}_i$、V_i 分别表示第 i 个样地的优势高向量、断面积向量和蓄积向量；β_1、β_2、β_3 分别为优势高模型、断面积模型和蓄积模型的固定效应参数；$u_{1,i}$、$u_{2,i}$、$u_{3,i}$ 分别为第 i 个样地优势高模型、断面积模型和蓄积模型的随机效应参数；$X_{1,i}$、$X_{2,i}$、$X_{3,i}$ 分别为第 i 个样地优势高模型、断面积模型和蓄积模型的自变量；f_1、f_2、f_3 分别为优势高模型、断面积模型和蓄积模型；Z_1、Z_2、Z_3 分别为因变量为优势高、断面积和蓄积的哑变量向量；$\varepsilon_{1,i}$、$\varepsilon_{2,i}$、$\varepsilon_{3,i}$ 分别为第 i 个样地优势高模型、断面积模型和蓄积模型的误差向量；其余变量如前所述。

2.2.3　模型评价

本研究主要采用 5 个指标进行模型的评价和检验：调整决定系数(R_a^2)、AIC 值、平均绝对偏差(MAB)、平均相对误差绝对值(RMA)和均方根误差(RMSE)。计算公式如下所示。此外，还进行模型的残差诊断。

$$R_a{}^2 = 1 - \frac{\sum\limits_{i=1}^{n_i}\sum\limits_{j=1}^{n_{ij}}\sum\limits_{k=1}^{n_{ijk}}(Y_{ijk} - \hat{Y}_{ijk})^2}{\sum\limits_{i=1}^{n_i}\sum\limits_{j=1}^{n_{ij}}\sum\limits_{k=1}^{n_{ijk}}(Y_{ijk} - \bar{Y})^2} \times \frac{n-1}{n-p-1} \tag{2.10}$$

$$\text{AIC} = -2\text{LL} + 2p \tag{2.11}$$

$$\text{MAB} = \frac{\sum\limits_{i=1}^{n_i}\sum\limits_{j=1}^{n_{ij}}\sum\limits_{k=1}^{n_{ijk}}\left|Y_{ijk} - \hat{Y}_{ijk}\right|}{n} \tag{2.12}$$

$$\text{RMA} = \frac{\sum\limits_{i=1}^{n_i}\sum\limits_{j=1}^{n_{ij}}\sum\limits_{k=1}^{n_{ijk}}\left|\dfrac{Y_{ijk} - \hat{Y}_{ijk}}{\hat{Y}_{ijk}}\right|}{n} \tag{2.13}$$

$$\text{RMSE} = \sqrt{\frac{\sum\limits_{i=1}^{n_i}\sum\limits_{j=1}^{n_{ij}}\sum\limits_{k=1}^{n_{ijk}}\left(Y_{ijk} - \hat{Y}_{ijk}\right)^2}{n}} \tag{2.14}$$

式中，Y_{ijk}、$\hat{Y}_{ijk}$ 分别为第 i 个省第 j 个样地第 k 次调查因变量的观测值和模型预测值；$\bar{Y}$ 为所有数据因变量观测值的平均值；n_i、n_{ij}、n_{ijk} 分别为省的数量、第 i 个省中样地的数量和第 i 个省第 j 个样地调查的次数；p 为模型中参数的个数；LL

为模型的对数似然值。

2.3　R 应 用

本研究的所有运算都通过 R 语言（R Development Core Team, 2019）完成。

2.3.1　混合效应方法

采用 R 中的 nlme 包（Pinheiro et al., 2018）处理混合效应模型。以树高-胸径模型为例，代码的基本格式如下：

nlme（height ～ a*（diameter^b），data = Larch，fixed = a+b ～ 1，random = list（province =（a+b～1），plot =（a～1）），start = c（a = 20，b = 0.3））

代码中，nlme（）为构建混合效应模型的函数，一般包含 5 个部分，分别为模型形式、用于参数估计的数据集、固定效应参数、随机效应参数和参数的初值。具体来看，"height～a*（diameter^b）"定义的是模型形式，即 height = a×diameter^b，其中 height 为因变量，diameter 为自变量，a 和 b 为参数；"data = Larch"指定了参数估计所用的数据 Larch；"fixed=a+b～1"指定了模型的固定效应参数 a 和 b；"random = list（province=（a+b～1），plot=（a～1））"指定的是随机效应参数，这里尝试添加了两水平的随机效应参数，即省水平（随机效应参数为 a 和 b）与样地水平（随机效应参数为 a）；"start = c（a = 20，b = 0.3）"指定了模型中各参数的初值。其他更复杂的设置如残差中异方差的设定、自相关的处理请自行参阅 nlme 包的说明文件。

2.3.2　作图

本研究中，所有图形均采用 R 中的 ggplot2 包（Pinheiro et al., 2018）制作。代码的基本形式如下：

ggplot（Larch，aes（x=province，y=height））+geom_boxplot（）+labs（list（x=" 省 "，y= "树高（m）"））

代码中，ggplot（）为绘图函数，其中 "Larch" 为数据集，"aes（x=province，y=height）"指定了图形的 x 轴和 y 轴，分别表示省和树高；"geom_boxplot（）"表示绘制箱线图，如果要绘制其他形状，可对此处进行修改，如点图应用"geom_point（）"，线图应用 "geom_line（）" 等；"labs（x=" 省 "，y="树高（m）"）" 定义了图形中 x 轴和 y 轴的标题部分显示的内容。其他更复杂的设置请自行参阅 ggplot2 包的说明文件。

参 考 文 献

臧颢. 2016. 区域尺度气候敏感的落叶松人工林林分生长模型. 中国林业科学研究院博士学位论文.

中国国家管理化标准委员会. 2017. LY/T 2654—2016 立木生物量模型及碳计量参数——落叶松. 北京: 中国标准出版社.

Davidian M, Giltinan D M. 1995. Nonlinear Models for Repeated Measurement Data. New York: CRC Press: 78-108.

Fang Z, Bailey R L, Shiver B D. 2001. A multivariate simultaneous prediction system for stand growth and yield with fixed and random effects. Forest Science, 47: 550-562.

Lindstorm M J, Bates D M. 1990. Nonlinear mixed effects models for repeated measures data. Biometrics. 46(3): 673-687.

Pinheiro J, Bates D, DebRoy S, et al. 2018. nlme: Linear and Nonlinear Mixed Effects Models. R package version 3.1-131.1. https://CRAN.R-project.org/package=nlme.

R Development Core Team. 2019. R: A Language and Environment for Statistical Computing. R Foundation for Statistical Computing, Vienna, Austria. https://www.R-project.org/.

Wang T, Wang G, Linnes J, et al. 2017. ClimateAP: an application for dynamic local downscaling of historical and future climate data in Asia Pacific. Frontiers Agric Sci Eng, 4(4): 448-458.

Wickham H. 2009. ggplot2: Elegant Graphics for Data Analysis. New York: Springer-Verlag.

Zang H, Lei X, Zeng W. 2016. Height–diameter equations for larch plantations in northern and northeastern China: a comparison of the mixed-effects, quantile regression and generalized additive models. Forestry, 89: 434-445.

第3章 东北、华北区域历史及未来气候变化

气候变化的主要驱动因子是温度和降水量,为探索研究区域过去的气候变化情况,本章分年、分季节分析了研究区域 1951～2009 年和 2010～2100 年温度和降水量的逐年变化,以便深入了解研究区域温度和降水量的历史变化情况和未来变化趋势。

3.1 历 史 变 化

3.1.1 年平均气温

研究区域内各省(自治区、直辖市)1951～2009 年年平均气温的变化趋势如图 3-1 所示。

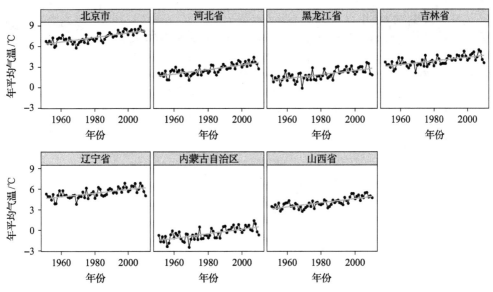

图 3-1　1951～2009 年各省(自治区、直辖市)年平均气温变化趋势

由图 3-1 可以看出,研究区域内的年平均气温有一定的波动,但整体上呈上升趋势,其中,北京市年平均气温的变化范围为 5.8～9.0℃,河北省年平均气温的变化范围为 1.0～4.4℃,黑龙江省年平均气温的变化范围为-0.1～3.7℃,吉林省年平均气温的变化范围为 2.1～5.4℃,辽宁省年平均气温的变化范围为 3.8～6.9℃,内蒙古自治区年平均气温的变化范围为-2.5～1.4℃,山西省年平均气温的

变化范围为 2.8～5.5℃。

3.1.2　年平均降水量

　　研究区域内各省(自治区、直辖市)1951～2009 年年平均降水量的变化趋势如图 3-2 所示。

　　由图 3-2 可以看出,研究区域内的年平均降水量的年际变化较大,北京市、辽宁省和山西省年平均降水量的年际差异最大,河北省、黑龙江省和吉林省其次,内蒙古自治区年平均降水量的年际差异最小,而从整体趋势来看各省年平均降水量呈下降趋势。具体来看,北京市年平均降水量的变化范围为 472～1038 mm,河北省年平均降水量的变化范围为 365～714 mm,黑龙江省年平均降水量的变化范围为 415～679 mm,吉林省年平均降水量的变化范围为 565～934 mm,辽宁省年平均降水量的变化范围为 582～1147 mm,内蒙古自治区年平均降水量的变化范围为 320～603 mm,山西省年平均降水量的变化范围为 357～908 mm。

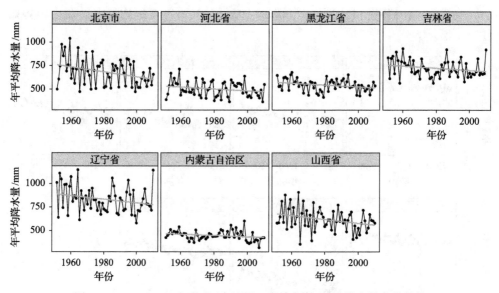

图 3-2　1951～2009 年各省(自治区、直辖市)年平均降水量变化趋势

3.1.3　季节平均气温

　　研究区域内各省(自治区、直辖市)1951～2009 年各季节平均气温的变化趋势如图 3-3 所示。

　　总的来看,各省(自治区、直辖市)各季节平均气温呈现上升趋势,不同季节没有明显差异。分别按省(自治区、直辖市)分析,北京市四季的平均气温明显高于其余省(自治区)对应季节的平均气温,而内蒙古自治区四季的平均气温明显小于其他省(直辖市)对应季节的平均气温。从温度的波动来看,1951~2009 年冬季平均气温变化最大,各省(自治区、直辖市)冬季平均气温差异为 6.5~7.8℃,其他季节平均气温的变化相对较小,春季平均气温差异的范围为 3.5~5.7℃,夏季平均气温差异的范围为 3.1~3.5℃,秋季平均气温差异的范围为 3.5~4.0℃。

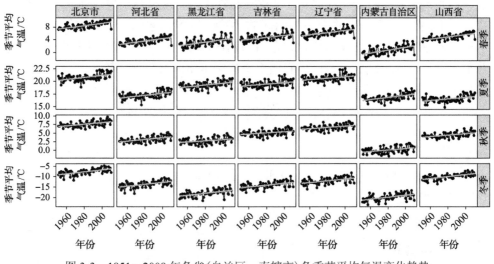

图 3-3 1951~2009 年各省(自治区、直辖市)各季节平均气温变化趋势

3.1.4 季节平均降水量

研究区域内各省(自治区、直辖市)1951~2009 年各季节平均降水量的变化趋势如图 3-4 所示。

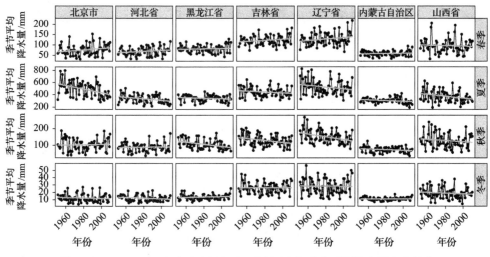

图 3-4 1951~2009 年各省(自治区、直辖市)各季节平均降水量变化趋势

　　总的来看，各省(自治区、直辖市)各季节平均降水量的变化趋势不明显，春季平均降水量总体呈现增加趋势(仅山西省的春季平均降水量表现有微量的减少)，夏季平均降水量总体呈现减少趋势，秋季和冬季的各省(自治区、直辖市)趋势不一致，表现出地域性差异，其中，东北地区(黑龙江省、吉林省、辽宁省)的秋季平均降水量呈现减少趋势，冬季平均降水量呈现增加趋势，而华北地区(北京市、河北省、山西省)和内蒙古自治区的秋季和冬季平均降水量总体趋势不明显。从平均降水量的年际变化来看，内蒙古自治区四季平均降水量的逐年变化最小，北京市、吉林省、辽宁省和山西省四季平均降水量的逐年变化较大。

3.2　不同气候情景下的未来变化

3.2.1　年平均气温

　　研究区域内各省(自治区、直辖市)2010~2100 年各气候情景年平均气温的变化趋势如图 3-5 所示。

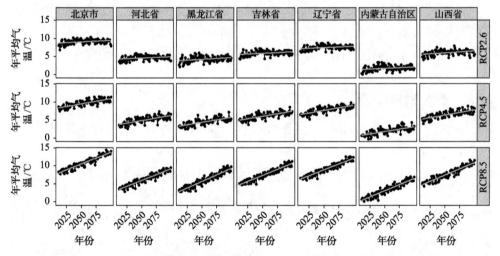

图 3-5　2010~2100 年各省(自治区、直辖市)各气候情景年平均气温变化趋势

　　总的来看，各省(自治区、直辖市)各气候情景年平均气温呈现上升趋势，且随碳排放量的增加，各省(自治区、直辖市)年平均气温上升趋势明显增强，各省(自治区、直辖市)之间上升趋势无明显差异。分别按省(自治区、直辖市)分析，在2010~2100 年，北京市年平均气温明显高于其余省(自治区)，而内蒙古自治区年平均气温明显小于其他省(直辖市)。从温度的波动来看，北京市年平均气温的变化范围为 6.8~14.4℃，河北省年平均气温的变化范围为 2.6~9.5℃，黑龙江省年平均气温的变化范围为 2.2~10.0℃，吉林省年平均气温的变化范围为 3.8~

11.3℃，辽宁省年平均气温的变化范围为 5.2～12.5℃，内蒙古自治区年平均气温的变化范围为–0.2～6.9℃，山西省年平均气温的变化范围为 4.0～11.7℃。

3.2.2　年平均降水量

研究区域内各省（自治区、直辖市）2010～2100 年各气候情景年平均降水量的变化趋势如图 3-6 所示。

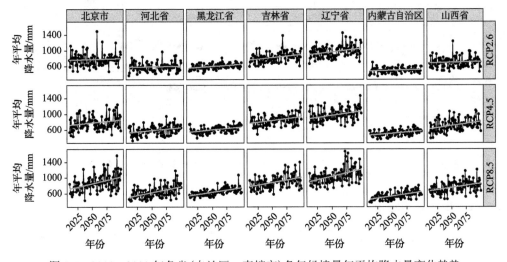

图 3-6　2010～2100 年各省（自治区、直辖市）各气候情景年平均降水量变化趋势

总的来看，各省（自治区、直辖市）各气候情景年平均降水量呈现上升趋势，各省之间上升趋势存在一定差异，不同气候情景之间的变化不一致。分别按省分析，在 2010～2100 年，辽宁省年平均降水量明显高于其他省份，而内蒙古自治区年平均降水量明显小于其他省市。从年降水量的年际变化来看，黑龙江省和内蒙古自治区年降水量的逐年变化较小，北京市、吉林省、辽宁省和山西省的变化较大。

3.2.3　季节平均气温

研究区域内各省（自治区、直辖市）2010～2100 年各气候情景季节平均气温的变化趋势如图 3-7 所示。

总的来看，不同季节的平均气温变化无规律性差异，各省（自治区、直辖市）各气候情景之间存在明显差异。从气候情景看，RCP8.5 气候情景下，2010～2100年，各省（自治区、直辖市）各季节的平均气温均呈现明显增加的趋势；RCP4.5 气候情景下，各省（自治区、直辖市）各季节的平均气温也有增加的趋势，但增加趋势较缓；RCP2.6 气候情景下，各省（自治区、直辖市）四季的平均气温无明显的增加趋势。分别按省（自治区、直辖市）分析，北京市四季的平均气温均高于其他省（自治区），山西省四季的平均气温低于其他省（自治区、直辖市）。

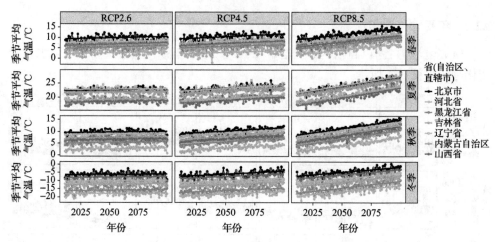

图 3-7　2010～2100 年各省（自治区、直辖市）各气候情景季节平均气温变化趋势

3.2.4　季节平均降水量

研究区域内各省（自治区、直辖市）2010～2100 年各气候情景季节平均降水量的变化趋势如图 3-8 所示。

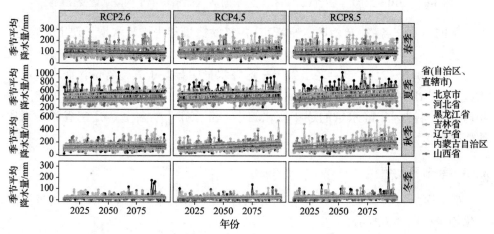

图 3-8　2010～2100 年各省（自治区、直辖市）各气候情景季节平均降水量变化趋势

总的来看，2010～2100 年各省（自治区、直辖市）、各气候情景四季平均降水量变化的总体趋势不明显。不同气候情景之间无明显的差异。分省（自治区、直辖市）看，辽宁省四季的平均降水量均高于其他省（自治区、直辖市），内蒙古自治区四季的平均降水量低于其他省（直辖市）。分季节看，各省（自治区、直辖市）夏季

和秋季的平均降水量呈现出缓慢增加的趋势，冬季平均降水量基本不变，且冬季
降水量的年际变化很小，这可能和冬季平均降水量少有关，春季平均降水量无明
显的规律，部分省（自治区、直辖市）的冬季平均降水量甚至有减少的趋势。

参 考 文 献

Wang T, Wang G, Linnes J, et al. 2017. ClimateAP: an application for dynamic local downscaling of historical and future
　　climate data in Asia Pacific. Frontiers Agric Sci Eng, 4(4): 448-458.

第4章　气候变化对落叶松人工林平均高生长的影响

林分平均高是林业调查中常见的调查因子(Nishizono et al., 2014)，可用于林分条件的描述(West, 2009)，并作为林分蓄积量和生物量的估计指标(Laar and Akça, 2007)，从而为森林资源的监测和评价服务。此外，林分平均高还能作为种源处理和间伐密度试验的评价指标(Laar and Akça, 2007; Masaka et al., 2013)。

本章采用混合效应模型构建了含气候变量的落叶松人工林林分平均高模型，基于该模型预测了未来气候变化下林分平均高的变化。

4.1　模 型 建 立

4.1.1　基础模型

选择常见的 7 种理论生长方程(孟宪宇, 2006)作为模拟林分平均高的候选基础模型，并采用交叉验证的方法进行模型评价，评价指标见表 4-1。

表 4-1　林分平均高基础模型的评价指标统计表

统计量	模型形式	R_a^2	AIC	MAB/m	RMA	RMSE/m
平均值	Richards	0.529 44	2 152.649 28	1.983 43	0.219 29	2.554 41
	Korf	0.530 08	2 152.037 31	1.983 31	0.219 40	2.552 69
	Gompertz	0.527 53	2 154.490 71	1.984 49	0.219 50	2.559 58
	Logistic	0.524 99	2 156.939 19	1.989 76	0.220 07	2.566 48
	Mitscherlich	0.530 10	2 151.019 90	1.985 03	0.218 95	2.555 45
	Hossfeld	0.529 55	2 152.547 81	1.983 62	0.219 31	2.554 12
	Weibull	0.529 39	2 152.701 21	1.983 49	0.219 25	2.554 55
标准差	Richards	0.001 68	1.661 84	0.003 74	0.000 41	0.004 65
	Korf	0.001 67	1.658 31	0.003 72	0.000 41	0.004 63
	Gompertz	0.001 69	1.668 86	0.003 72	0.000 41	0.004 68
	Logistic	0.001 69	1.672 92	0.003 77	0.000 41	0.004 70
	Mitscherlich	0.001 66	1.654 89	0.003 74	0.000 41	0.004 63
	Hossfeld	0.001 67	1.661 04	0.003 73	0.000 41	0.004 64
	Weibull	0.001 68	1.661 64	0.003 74	0.000 41	0.004 65

统计量	模型形式	R_a^2	AIC	MAB/m	RMA	RMSE/m
最小值	Richards	0.522 45	2 137.147 73	1.962 65	0.217 26	2.511 26
	Korf	0.523 03	2 136.584 47	1.962 50	0.217 37	2.509 71
	Gompertz	0.520 94	2 138.875 84	1.963 58	0.217 40	2.516 03
	Logistic	0.518 66	2 141.303 04	1.968 65	0.217 93	2.522 75
	Mitscherlich	0.522 66	2 135.627 74	1.964 18	0.216 82	2.512 58
	Hossfeld	0.522 55	2 137.054 37	1.962 84	0.217 29	2.511 00
	Weibull	0.522 37	2 137.203 59	1.962 67	0.217 21	2.511 41
最大值	Richards	0.540 96	2 153.657 66	1.987 81	0.219 77	2.557 24
	Korf	0.541 53	2 153.045 60	1.987 67	0.219 88	2.555 52
	Gompertz	0.539 21	2 155.499 33	1.988 83	0.219 98	2.562 42
	Logistic	0.536 75	2 157.948 10	1.994 13	0.220 55	2.569 32
	Mitscherlich	0.541 49	2 152.026 32	1.989 40	0.219 43	2.558 27
	Hossfeld	0.541 05	2 153.556 20	1.987 99	0.219 79	2.556 95
	Weibull	0.540 90	2 153.709 50	1.987 87	0.219 73	2.557 38

由表 4-1 可知，Korf 方程的拟合效果最好，因此，选用 Korf 方程作为模拟林分平均高的基础模型，其模型形式为

$$SMH = 1.3 + \beta_0 e^{-\beta_1 t^{-\beta_2}} + \varepsilon \tag{4.1}$$

式中，SMH 为林分平均高；t 为林分年龄；β_0、β_1、β_2 为模型参数；ε 为误差项。

式(4.1)在 R 中的运行代码及输出结果如下：

＞K<-nls(smh～1.3+β0*exp(-β1*t^(-β2)), data=normal, start=c(β0 = 133.4864, β1= 7.4551, β2 = 0.3176))

＞summary(K)

Formula: smh～1.3 + β0 * exp(-β1 * t^(-β2))

Parameters:

	Estimate	Std. Error	t value	Pr(>|t|)
β0	133.4864	27.1389	4.919	1.22e-06 ***
β1	7.4551	0.3540	21.060	<2e-16 ***
β2	0.3176	0.1500	2.117	0.034776 *

Signif. codes:　0 '***' 0.001 '**' 0.01 '*' 0.05 '.' 0.1 ' ' 1

Residual standard error: 2.561 on 453 degrees of freedom

Number of iterations to convergence: 0

Achieved convergence tolerance: 1.832e-07

"K"为临时对象，其中存储了式(4.1)的建模结果；"<-"为赋值；"nls()"为进行非线性拟合的函数；"summary(K)"能输出构建的模型的结果，其中给出了模型中各参数的估计值、标准差、假设检验的 t 值和 p 值。

4.1.2　含气候因子的基础模型

为了分析气候变化对林分平均高的影响，采用再参数化的方法建立气候敏感的林分平均高生长模型，即将式(4.1)中的所有参数用含有气候变量的函数描述，最终的模型形式如下：

$$SMH = 1.3 + (\beta_0 + \beta_1 \times CMD\_SON)e^{-\beta_2 t^{-(\beta_3 + \beta_4 \times Eref\_JJA)}} + \varepsilon \tag{4.2}$$

式中，CMD_SON、Eref_JJA 分别为秋季 Hargreaves 水汽亏缺值和夏季 Hargreaves 参考蒸发量；$\beta_0 \sim \beta_4$ 为模型参数；其他变量如前所述。

式(4.2)在 R 中的运行代码及输出结果如下：

＞Kc<-nls(smh～1.3+(β0+β1*CMD_SON)*exp(-(β2)*t^(-(β3+β4*Eref_JJA))), data = normal, start = c(β0 = 69.5453, β1 = −0.6096, β2 = 7.6760, β3 = −0.2222, β4 = 0.0019))

＞summary(Kc)

Formula: smh～1.3 +(β0 +β1*CMD_SON)*exp(-(β2)*t^(-(β3+β4*Eref_JJA)))

Parameters:

	Estimate	Std. Error	t value	Pr(＞|t|)
β0	69.545261	30.400727	2.288	0.022622 *
β1	−0.609551	0.273303	−2.230	0.026218 *
β2	7.675991	1.223748	6.273	8.33e-10 ***
β3	−0.222157	0.103453	−2.147	0.032292 *
β4	0.001899	0.000548	3.466	0.000579 ***

Signif. codes:　0 '***' 0.001 '**' 0.01 '*' 0.05 '.' 0.1 ' ' 1

Residual standard error: 2.233 on 451 degrees of freedom

Number of iterations to convergence: 0

Achieved convergence tolerance: 4.53e-08

"Kc"为临时对象，其中保存了式(4.2)的建模结果，其他代码的解释如上所述。

表 4-2 列出了模型的参数估计值，由表 4-2 可知，秋季 Hargreaves 水汽亏缺值和夏季 Hargreaves 参考蒸发量显著影响落叶松人工林林分的平均高。此外，由表 4-3 可知，与式(4.1)相比，在考虑了气候变量之后，R_a^2 提升了 21.26%，AIC 降低了 5.50%，MAB 降低了 14.18%，RMA 降低了 13.81%，RMSE 降低了 13.01%，这

也说明了气候对落叶松人工林林分平均高的影响显著。

表 4-2　林分平均高生长模型的参数估计值

模型	统计量	β_0	β_1	β_2	β_3	β_4	δ_1	σ
式(4.1)	估计值	133.4864	7.4551	0.3176				2.5610
	标准差	27.1389	0.3540	0.1500				
式(4.2)	估计值	69.5453	−0.6096	7.6760	−0.2222	0.0019		2.2330
	标准差	30.4007	0.2733	1.2237	0.1035	0.0005		
式(4.3)	估计值	29.2403	−0.1735	15.6446	0.1253	0.0021	0.0813	2.0229
	标准差	4.5613	0.0508	4.7966	0.0543	0.0005		

注：δ_1 为 b_{1i} 的标准差，σ 为误差的标准差。

4.1.3　含气候因子的混合效应模型

为了消除嵌套的数据结构带来的问题，针对式(4.2)添加了省水平随机效应参数，模型形式如下：

$$\mathrm{SMH}_{ijk} = 1.3 + \left[\beta_0 + (\beta_1 + b_{1i}) \times \mathrm{CMD\_SON}_{ij}\right] \mathrm{e}^{-\beta_2 t^{-\left(\beta_3 + \beta_4 \times \mathrm{Eref\_JJA}_{ij}\right)}} + \varepsilon_{ijk} \qquad (4.3)$$

式中，SMH_{ijk} 为第 i 个省第 j 个样地第 k 次调查时的林分平均高；$\mathrm{CMD\_SON}_{ij}$、$\mathrm{Eref\_JJA}_{ij}$ 分别为第 i 个省第 j 个样地秋季的 CMD 和夏季的 Eref；$\beta_0 \sim \beta_4$ 为模型的固定效应参数；b_{1i} 为省水平的随机效应参数，且 $b_{1i} \sim N(0, \psi_1)$，ψ_1 为省水平随机效应参数的方差协方差矩阵；ε_{ijk} 为误差项，且 $\varepsilon_{ijk} \sim N(0, \boldsymbol{R}_{ij})$，$\boldsymbol{R}_{ij}$ 为第 i 个省第 j 个样地内的方差协方差矩阵。

由图 4-1 可以看出，式(4.3)没有明显的异方差现象，因此不考虑对式(4.3)做异方差处理，即 $\boldsymbol{R}_{ij} = \sigma^2 \boldsymbol{I}$。

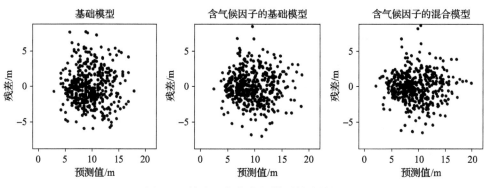

图 4-1　林分平均高生长模型的残差图

式（4.3）在 R 中的运行代码及输出结果如下：

＞Kcm＜-nlme（smh～1.3+（β0 +β1*CMD_SON）*exp（-（β2）*t^（-（β3+β4*Eref_JJA）））, data= normal, fixed=β0+β1+β2+β3+β4～1,random=list（province=（β1～1））, start=c（β0= 69.5453, β1=-0.6096, β2=7.6760, β3=-0.2222, β4=0.0019））

＞summary（Kcm）

Nonlinear mixed-effects model fit by maximum likelihood

Model: smh～1.3+（β0 +β1*CMD_SON）*exp（-（β2）*t^（-（β3+β4*Eref_JJA）））

Data: normal

AIC	BIC	logLik
1975.06	2003.917	−980.5298

Random effects:

Formula: β1～1 | province

	β1	Residual
StdDev:	0.08126701	2.022934

Fixed effects: β0+β1+β2+β3+β4～1

	Value	Std.Error	DF	t-value	p-value
β0	29.240258	4.561268	445	6.410554	0.0000
β1	−0.173545	0.050829	445	−3.414281	0.0007
β2	15.644621	4.796625	445	3.261589	0.0012
β3	0.125341	0.054328	445	2.307116	0.0215
β4	0.002085	0.000497	445	4.190911	0.0000

Correlation:

	β0	β1	β2	β3
β1	−0.685			
β2	−0.918	0.564		
β3	−0.376	0.491	0.328	
β4	−0.434	0.030	0.509	−0.641

Standardized Within-Group Residuals:

Min	Q1	Med	Q3	Max
−3.21409529	−0.57276431	0.01527221	0.60936348	4.26497428

Number of Observations: 456

Number of Groups: 7

＞random.effects（Kcm）

	β1
北京市	−0.03561556

河北省	−0.03661476
黑龙江省	0.07550572
吉林省	0.03028287
辽宁省	0.13723782
内蒙古自治区	−0.05509002
山西省	−0.11570608

"Kcm"为临时对象，其中保存了式 (4.3) 的建模结果；"nlme ()"为构建非线性混合效应模型的函数，其中具体参数的解释见第二章；"summary (Kcm)"是输出所建模型的结果，包括各水平随机效应参数的标准差、组内误差的标准差、固定效应参数的统计量（估计值、标准差、显著性检验的 t 值和 p 值）等。各省（自治区、直辖市）的随机效应估计值可以通过"random.effects (Kcm)"获取，如果构建的模型为多水平混合效应模型，"random.effects ()"函数能获取到所有水平随机效应估计值，若要提取某一特定水平的随机效应估计值，可以在"random.effects ()"之后加上特定水平的名称，两者之间以"\$"连接即可。通过分析各省（自治区、直辖市）随机效应估计值，发现北京市、河北省、山西省和内蒙古自治区的随机效应估计值均小于 0，东北三省的随机效应估计值大于 0，这意味着在东北三省，秋季的 CMD 对林分平均高的影响略高于其他省（自治区、直辖市）。

由表 4-3 可知，混合效应模型的拟合效果和预测精度均优于传统的回归模型，与式 (4.2) 相比，式 (4.3) 的 R_a^2 提升了 9.94%，AIC 降低了 2.88%，MAB 降低了 10.67%，RMA 降低了 9.09%，RMSE 降低了 9.58%，因此采用式 (4.3) 预测未来气候情景下东北、华北区域落叶松人工林平均高的变化。

表 4-3　林分平均高生长模型的统计量

模型	R_a^2	AIC	MAB/m	RMA	RMSE/m
式 (4.1)	0.5301	2152.0373	1.9833	0.2194	2.5527
式 (4.2)	0.6428	2033.6843	1.7020	0.1891	2.2207
式 (4.3)	0.7067	1975.0596	1.5203	0.1719	2.0079

4.2　气候影响模拟

基于预测林分平均高生长对未来气候变化响应的目的，以第六期的林分数据作为期初状态，选取式 (4.3) 预测未来（2010～2099 年）气候变化下落叶松人工林每年的林分平均高。

总的来看（表 4-4～表 4-6），与当前气候条件相比，未来的气候情景下，秋季的 CMD 呈现下降趋势，夏季的 Eref 在 2011～2069 年呈现出一定的波动，而在

2070～2099 年表现出增加的趋势，而林分平均高也呈现增加的态势，不同气候情景下林分平均高的平均差值为 0.26～1.24 m(2.69%～13.07%)，差值的变化范围在 −2.98～5.54 m(−32.10%～76.36%)。分时间段来看，在 2010～2039 年，林分平均高平均差值的大小顺序为 RCP8.5＞RCP2.6＞RCP4.5；在 2040～2069 年，林分平均高平均差值的大小顺序为 RCP8.5＞RCP4.5＞RCP2.6；而在 2070～2099 年，林分平均高平均差值的大小顺序为 RCP2.6＞RCP4.5＞RCP8.5。

表 4-4　2010～2099 年不同气候情景下各样地 CMD_SON 的变化

时间段	气候情景	CMD_SON				CMD_SON 差值		
		平均值	标准差	最大值	最小值	平均值	最大值	最小值
1951～2009 年	Current	42.29	16.82	90.82	10.59	0.00	0.00	0.00
2010～2039 年	RCP2.6	37.50	24.29	97.00	0.00	−4.79	15.70	−26.46
	RCP4.5	31.24	24.82	106.00	0.00	−11.06	20.70	−30.48
	RCP8.5	29.23	27.16	105.00	0.00	−13.07	22.70	−37.48
2040～2069 年	RCP2.6	27.15	18.75	77.00	0.00	−15.14	8.60	−32.27
	RCP4.5	21.91	18.71	83.00	0.00	−20.39	12.60	−38.82
	RCP8.5	33.13	22.96	97.00	0.00	−9.16	15.99	−38.48
2070～2099 年	RCP2.6	29.92	21.58	94.00	0.00	−12.37	9.89	−30.48
	RCP4.5	33.48	22.87	103.00	0.00	−8.81	21.86	−40.03
	RCP8.5	36.06	26.48	102.00	0.00	−6.23	20.86	−38.48

表 4-5　2010～2099 年不同气候情景下各样地 Eref_JJA 的变化

时间段	气候情景	Eref_JJA				Eref_JJA 差值		
		平均值	标准差	最大值	最小值	平均值	最大值	最小值
1951～2009 年	Current	379.78	19.26	434.75	294.25	0.00	0.00	0.00
2010～2039 年	RCP2.6	384.58	23.78	446.00	302.00	4.80	22.63	−11.87
	RCP4.5	375.39	20.07	426.00	291.00	−4.39	8.28	−18.25
	RCP8.5	378.43	20.28	434.00	300.00	−1.35	16.97	−12.62
2040～2069 年	RCP2.6	384.36	20.78	439.00	297.00	4.58	12.91	−6.70
	RCP4.5	378.88	21.12	430.00	289.00	−0.90	9.91	−13.62
	RCP8.5	395.73	22.50	449.00	304.00	15.95	31.63	5.00
2070～2099 年	RCP2.6	388.11	22.54	449.00	303.00	8.33	24.88	−3.70
	RCP4.5	389.75	22.65	445.00	303.00	9.97	23.91	−5.67
	RCP8.5	396.23	21.37	444.00	300.00	16.45	32.15	−2.67

表 4-6　2010～2099 年不同气候情景下林分平均高的预测

时间段	气候情景	林分平均高/m				林分平均高差值/m		
		平均值	标准差	最大值	最小值	平均值	最大值	最小值
1951～2009 年	Current	9.48	3.13	19.84	2.03	0.00	0.00	0.00
2010～2039 年	RCP2.6	9.81	3.27	20.00	2.01	0.33	4.18	−1.72
	RCP4.5	9.73	3.31	19.44	1.99	0.26	3.42	−2.98
	RCP8.5	9.99	3.48	20.11	2.03	0.51	5.01	−2.92
2040～2069 年	RCP2.6	10.66	3.38	20.45	2.09	1.18	5.54	−0.43
	RCP4.5	10.69	3.43	20.37	2.05	1.21	5.06	−1.20
	RCP8.5	10.72	3.52	21.46	2.15	1.24	5.37	−1.30
2070～2099 年	RCP2.6	10.51	3.36	20.47	2.07	1.03	4.26	−0.57
	RCP4.5	10.45	3.50	20.92	2.08	0.97	7.03	−1.93
	RCP8.5	10.38	3.65	20.92	2.18	0.90	3.43	−1.60

4.2.1　气候变化对不同省（自治区、直辖市）落叶松人工林平均高生长的影响

为了研究落叶松对气候变化响应的空间差异，不同气候情景下各省（自治区、直辖市）林分平均高生长的平均变化情况以曲线图的形式展示（图 4-2）。

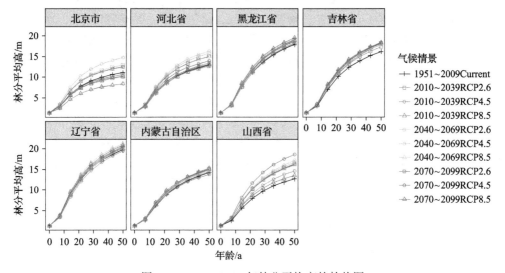

图 4-2　2010～2099 年林分平均高的趋势图

曲线图的代码如下所示：

ggplot（data1, aes（x = age, y = Hp, shape=class,colour=class））+ geom_point（）+ geom_line（）+ facet_wrap（～province,ncol=4）+theme_bw（）+labs(x="年龄/年",y="林分平均高/m" ,colour="气候情景",shape="气候情景")+theme(axis.title=element_text (size=16)，axis.text =element_text(size=12)，legend.key=element_blank()，legend.title= element_text（size=14），legend.text=element_text(size=12)，panel.grid.major=element_ blank()，panel.grid.minor=element_blank()，panel.border=element_rect(colour="black")， axis.line=element_line()，strip.text=element_text(size=14))+scale_shape_manual(values= c(3,0,1,2,0,1,2,0,1,2))+scale_colour_manual(values=c("black","red", "red","red","green"， "green","green","purple","purple","purple"))) #输出图形

各省结果箱线图的代码如下：

ggplot(data2,aes(x= class,y=Hpdiff))+geom_boxplot()+facet_wrap(~province, ncol=1)+ labs(x="气候情景",y="林分平均高的变化(m)")+ theme_bw()+ theme (axis.title=element_text(size=8),axis.text.x=element_text(size=6),axis.text.y=element _text(size=6),panel.grid.major=element_line(colour=NA),panel.grid.minor=element_ line(colour=NA)， panel.border=element_rect(),axis.line=element_line())+stat_summary (fun.y="mean", geom="point", shape=21, size=2) +coord_flip(ylim=c(-3.5,7.5))

"data1"包含了不同时间段、不同气候情景的各省（自治区、直辖市）气候的平均值及对应年龄下的林分平均高预测值，该预测值是通过前面构建的最优林分平均高模型[即式(4.3)]模拟的，并保存在"data1"中的"Hp"这一列；"data1"中的"age"列是林分平均高预测值对应的林分年龄，"class"列为气候情景，"province"列是省（自治区、直辖市）名。"data2"包含了各省（自治区、直辖市）每个样地气候变化情景下的林分平均高预测值与假定气候不变情景的林分平均高预测值的差值，该差值保存在"data2"中的"Hpdiff"这一列。后文中的其余曲线图和箱线图代码类似，将不再赘述。

如图 4-2 所示，总的来看，北京市、河北省和山西省不同气候情景下林分平均高的生长变化差异较大，其余各省（自治区）林分平均高的生长变化差异不明显。

为了进一步分析落叶松人工林林分平均高对未来气候变化的响应，与当前气候条件下的林分平均高相比，不同气候情景下各省（自治区、直辖市）林分平均高的差值以箱线图展示(图 4-3)。

总的来说，与当前气候相比，未来气候情景下各省（自治区、直辖市）林分平均高的差值均为正，即各省（自治区、直辖市）未来气候条件下林分平均高均大于当前气候的林分平均高，其中，山西省未来气候情景下林分平均高差值最大，为 2.27 m；吉林省和河北省其次，分别为 1.06 m 和 1.03 m；黑龙江省和内蒙古自治区的林分平均高差值偏小，分别为 0.60 m 和 0.47 m；辽宁省和北京市最小，分别为 0.22 m 和 0.20 m。另外，东北三省的林分平均高差值变化较小，分别为：黑龙江省的林分平均高的变化范围是–0.29～1.98 m，吉林省是–0.08～2.86 m，辽宁省是–0.78～1.62 m，而内蒙古自治区和华北各省（直辖市）的变化较大，分别为：内蒙古自治区是–1.93～4.26 m，北京市是–2.98～4.28 m，河北省是–1.96～4.33 m，

山西省是 $-0.81 \sim 7.03$ m，说明东北各省落叶松人工林的林分平均高生长受气候变化影响的波动较小。

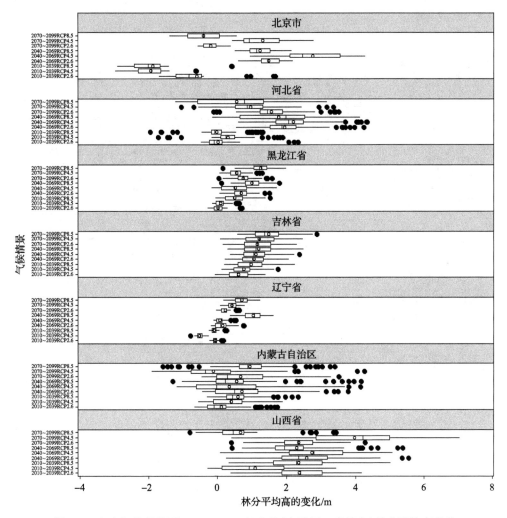

图 4-3　未来气候变化下 2010～2099 年各省（自治区、直辖市）林分平均高差值

4.2.2　气候变化对不同龄组落叶松人工林平均高生长的影响

为了研究落叶松对气候变化的响应与龄组的关系，与当前气候条件下的林分平均高相比，不同气候情景下各龄组林分平均高的差值以箱线图展示（图 4-4）。

与当前气候条件下的林分平均高相比，在未来气候情景下，各龄组的落叶松人工林的林分平均高都呈现增加的趋势，不同龄组林分平均高的平均差值大小顺序为：幼龄林（0.61 m）＜中龄林（1.00 m）＜近熟林（1.09 m）＜成过熟林（1.51 m），

即随着年龄的增加，未来气候情景下的林分平均高增加的趋势更明显。

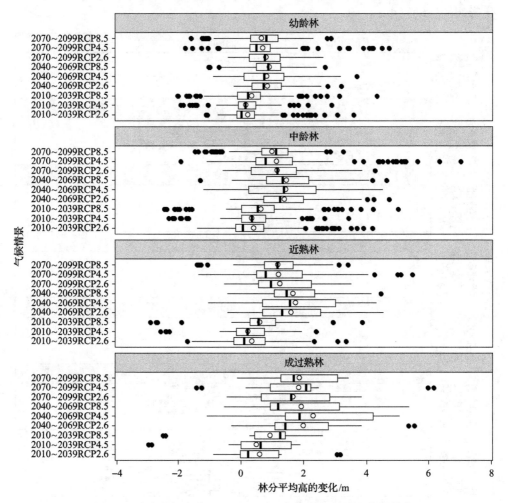

图 4-4   未来气候变化下 2010～2099 年各龄组林分平均高差值

4.2.3   气候变化对不同气候带落叶松人工林平均高生长的影响

为了研究落叶松对气候变化的响应与气候带分布的关系，与当前气候条件下的林分平均高相比，不同气候情景下各气候带林分平均高的差值以箱线图展示（图 4-5）。

与当前气候条件下的林分平均高相比，在未来气候情景下，各气候带的落叶松人工林的林分平均高都呈现增加的趋势，不同气候带林分平均高的平均差值大小顺序为：寒温带（0.01 m）＜中温带（0.89 m）＜暖温带（1.19 m）。

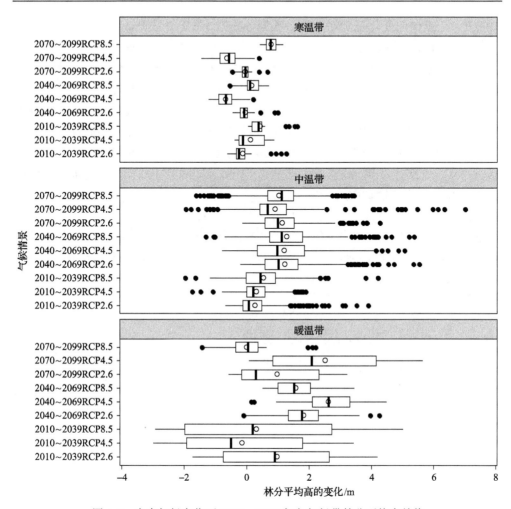

图 4-5　未来气候变化下 2010～2099 年各气候带林分平均高差值

从变化范围来看，暖温带林分平均高差值的变化最大，其范围为-2.98～5.64 m；寒温带变化范围最小，为-1.43～1.62 m；中温带林分平均高差值的变化范围为-1.96～7.03 m。

4.3　小　　结

(1)建立了包含气候因子的落叶松林分平均高生长模型，可以模拟未来气候变化对林分平均高的影响。

(2)与当前气候条件下的林分平均高相比，未来气候情景下林分平均高总体呈现增加的态势，三种气候情景下林分平均高的平均差值为 0.26～1.24 m(2.69%～

13.07%)，差值的变化范围在–2.98～5.54 m(–32.10%～76.36%)。

（3）分省（自治区、直辖市）分析林分平均高对气候的响应时发现：与当前气候条件相比，东北三省落叶松人工林的林分平均高生长受气候变化影响的波动较小，而内蒙古自治区和华北各省（直辖市）受气候变化影响的波动较大。

（4）分龄组分析林分平均高对气候的响应时发现：与当前气候条件下的林分平均高相比，在未来气候情景下，各龄组的落叶松人工林的林分平均高都呈现增加的形势，不同龄组林分平均高的平均差值大小顺序为：幼龄林(0.61 m)＜中龄林(1.00 m)＜近熟林(1.09 m)＜成过熟林(1.51 m)，即随着年龄的增加，未来气候情景下的林分平均高增加的趋势更明显。

（5）分气候带分析林分平均高对气候的响应时发现：总的来看，与当前气候条件下的林分平均高相比，未来气候情景下各气候带的落叶松人工林的林分平均高都呈现增加的趋势，不同气候带林分平均高的平均差值大小顺序为：寒温带(0.01 m)＜中温带(0.89 m)＜暖温带(1.19 m)。

参 考 文 献

孟宪宇. 2006. 测树学. 3 版. 北京: 中国林业出版社: 106-187.

Laar A V, Akça A. 2007. Forest Measuration. Dordrecht: Springer-Verlag.

Masaka K, Sato H, Torita H, et al. 2013. Thinning effect on height and radial growth of *Pinus thunbergii* Parlat. trees with special reference to trunk slenderness in a matured coastal forest in Hokkaido, Japan. Journal of Forest Research, 18: 475-481.

Nishizono T, Kitahara F, Iehara T, et al. 2014. Geographical variation in age-height relationship for dominant trees in Japanese cedar (*Cryptomeria japonica* D. Don) forests in Japan. Journal of Forest Research, 19: 305-316.

West P W. 2009. Tree and Forest Measurement. 2ed. Berlin: Springer-Verlag.

第5章　气候变化对落叶松人工林优势高生长的影响

由于具有不受林分密度和间伐影响的特点(Sharma et al., 2011; Bošeľa et al., 2013)，优势高常作为评价同龄纯林立地质量的指标(Skovsgaard and Vanclay, 2008)。除了计算基准年龄时的地位指数外,优势高还被广泛用于森林生长模型中。从第一章可知，已经有不少学者通过构建气候敏感的优势高生长模型来量化分析气候变化对森林立地质量的影响，但研究结果并不一致，且存在较大的不确定性(Khaine and Woo, 2015)。

本章采用混合效应模型构建了含气候变量的落叶松优势高生长模型，并预测了未来气候变化下优势高的变化。

5.1　模型建立

5.1.1　基础模型

选择常见的 5 种理论生长方程(孟宪宇, 2006)作为模拟林分优势高的候选基础模型，并采用交叉验证的方法进行模型评价，评价指标见表 5-1。由于 Richards 式拟合不收敛，故未在表 5-1 中显示。

表 5-1　林分优势高基础模型的评价指标统计表

统计量	模型形式	R_a^2	AIC	MAB/m	RMA	RMSE/m
平均值	Korf	0.423 38	4 698.851 78	1.870 20	0.172 26	2.302 77
	Gompertz	0.423 42	4 698.784 70	1.869 55	0.172 24	2.302 70
	Logistic	0.423 48	4 698.673 95	1.869 18	0.172 23	2.302 57
	Mitscherlich	0.406 94	4 727.119 81	1.885 79	0.175 42	2.336 49
标准差	Korf	0.000 79	1.306 12	0.001 34	0.000 12	0.001 44
	Gompertz	0.000 80	1.309 32	0.001 34	0.000 12	0.001 45
	Logistic	0.000 80	1.311 28	0.001 34	0.000 12	0.001 45
	Mitscherlich	0.000 80	1.295 03	0.001 34	0.000 12	0.001 45
最小值	Korf	0.419 30	4 691.979 31	1.865 27	0.171 81	2.295 18
	Gompertz	0.419 44	4 691.849 03	1.864 62	0.171 79	2.295 04
	Logistic	0.419 55	4 691.691 15	1.864 22	0.171 78	2.294 86
	Mitscherlich	0.404 09	4 720.470 06	1.881 11	0.174 90	2.329 04
最大值	Korf	0.427 18	4 699.855 50	1.872 00	0.172 42	2.303 88
	Gompertz	0.427 21	4 699.788 50	1.871 35	0.172 41	2.303 81
	Logistic	0.427 29	4 699.677 75	1.870 98	0.172 40	2.303 68
	Mitscherlich	0.410 37	4 728.122 45	1.887 60	0.175 59	2.337 62

　　孟宪宇(2006)认为 Logistic 方程的曲线性质比较适合于生物种群增长，但对树木的生长不太适合，而 Gompertz 方程的性质比较适合于描述树木生长。由表 5-1 可以看出，虽然 Logistic 方程表现最好，但 Gompertz 方程的拟合效果与 Logistic 方程差异不大，故选用 Gompertz 方程作为模拟优势高生长的基础模型，其模型形式为

$$HD = \beta_0 e^{-\beta_1 e^{-\beta_2 t}} + \varepsilon \tag{5.1}$$

式中，HD 为林分优势高；t 为林分年龄；$\beta_0 \sim \beta_2$ 为模型参数；ε 为误差项。

　　式(5.1)在 R 中的运行代码及输出结果如下：

＞G ＜ -nls(HD ～ β0*exp(-β1*exp(-β2*t))，data= HD_normal，start=c(β0= 34.4995, β1= 1.8262, β2= 0.0177))

　　＞summary(G)

Formula: HD～β0*exp(-β1*exp(-β2*t))

Parameters:

	Estimate	Std. Error	t value	Pr(＞|t|)
β0	34.499549	13.796130	2.501	0.01255 *
β1	1.826218	0.334978	5.452	6.23e-08 ***
β2	0.017706	0.006523	2.714	0.00675 **

Signif. codes:　0 '***' 0.001 '**' 0.01 '*' 0.05 '.' 0.1 ' ' 1

Residual standard error: 2.306 on 1039 degrees of freedom

Number of iterations to convergence: 0

Achieved convergence tolerance: 6.157e-09

　　"G"为临时对象，其中存储了式(5.1)的建模结果；"summary(G)"能输出构建的模型的结果。

5.1.2　含气候因子的基础模型

　　为了分析气候变化对优势高生长的影响，采用再参数化的方法建立气候敏感的优势高生长模型，即将式(5.1)中的所有参数用含有气候变量的函数描述，最终的模型形式如下：

$$HD = \left(\beta_0 + \beta_1 PPT\_JJA + \beta_2 MWMT\right) e^{-\beta_3 e^{-(\beta_4 + \beta_5 MWMT)t}} + \varepsilon \tag{5.2}$$

式中，PPT_JJA 为夏季降水量；MWMT 为最热月平均气温；$\beta_0 \sim \beta_5$ 为模型参数。

　　式(5.2)在 R 中的运行代码及输出结果如下：

＞ G2 ＜ -nls(HD ～ (β0+β1*PPT_JJA+β2*MWMT)*exp(-(β3)*exp(-(β4

+β5*MWMT)*t)), data= HD_normal, start=c(β0= 23.9225, β1=0.0205, β2=-0.7491, β3= 1.6857, β4= -0.0567, β5=0.0049))

　　＞summary(G2)

　　Formula: HD～(β0+β1*PPT_JJA+β2*MWMT)*exp(-(β3)*exp(-(β4+β5*MWMT)*t))

　　Parameters:

	Estimate	Std. Error	t value	Pr(＞|t|)
β0	21.9563975	4.6727959	4.699	2.97e-06 ***
β1	0.0203614	0.0015665	12.998	＜ 2e-16 ***
β2	−0.6351061	0.2141007	−2.966	0.003082 **
β3	1.7098415	0.0592856	28.841	＜ 2e-16 ***
β4	−0.0481885	0.0133249	−3.616	0.000313 ***
β5	0.0044650	0.0007181	6.218	7.29e-10 ***

Signif. codes:　0 '***' 0.001 '**' 0.01 '*' 0.05 '.' 0.1 ' ' 1

Residual standard error: 1.817 on 1036 degrees of freedom

Number of iterations to convergence: 5

Achieved convergence tolerance: 4.853e-06

　　"G2"为临时对象，其中存储了式(5.2)的建模结果；"summary(G2)"能输出构建的模型的结果。

　　式(5.2)的模型形式说明了最热月平均气温和夏季降水量显著影响落叶松优势高的生长，其中最热月平均气温既影响落叶松优势高生长的最大值，也影响落叶松优势高生长的速率，而夏季降水量影响落叶松优势高生长的最大值。参数估计结果如表 5-2 所示，可以看出，夏季降水量只影响优势高生长的最大值，其参数为正，说明优势高生长最大值随夏季降水量的增加而增加。最热月平均气温与优势高生长的最大值呈负相关(表 5-2 中 β_2 是负值)，与优势高生长的最大速率呈正相关(表 5-2 中 β_5 是正值)，即随着最热月平均气温的上升，优势高生长的最大值减小，而优势高的生长速率相应增加。

表 5-2　林分优势高生长模型的参数估计

模型	统计量	β_0	β_1	β_2	β_3	β_4	β_5	δ_0	δ_{00}	σ
式(5.1)	估计值	34.4995	1.8262	0.0177						2.3060
	标准差	13.7961	0.3350	0.0065						
式(5.2)	估计值	21.9564	0.0204	−0.6351	1.7098	−0.0482	0.0045			1.8170
	标准差	4.6728	0.0016	0.2141	0.0593	0.0133	0.0007			
式(5.3)	估计值	18.0913	0.0101	−0.4087	1.9367	0.0349	0.0014	2.9433	1.7952	0.5191
	标准差	3.2405	0.0018	0.1425	0.0432	0.0106	0.0004			

注：δ_0 为 b_{0i} 的标准差，δ_{00} 为 b_{0ij} 的标准差，σ 为误差的标准差。

由表 5-3 可知，与式 (5.1) 相比，在考虑了气候变量之后，R_a^2 提升了 51.60%，AIC 降低了 10.49%，MAB 降低了 25.73%，RMA 降低了 25.67%，RMSE 降低了 21.39%，这也说明了气候对落叶松人工林林分优势高生长的影响显著。

表 5-3 林分优势高生长模型的统计量

模型	R_a^2	AIC	MAB/m	RMA	RMSE/m
式 (5.1)	0.4234	4703.2950	1.8696	0.1722	2.3027
式 (5.2)	0.6419	4210.1138	1.3886	0.1280	1.8101
式 (5.3)	0.9803	2650.2320	0.3021	0.0305	0.4214

5.1.3 含气候因子的混合效应模型

为了消除嵌套的数据结构带来的问题，针对式 (5.2) 添加了省水平和样地水平的随机效应参数，模型形式如下：

$$\mathrm{HD}_{ijk} = \left(\beta_0 + b_{0i} + b_{0ij} + \beta_1 \mathrm{PPT\_JJA}_{ij} + \beta_2 \mathrm{MWMT}_{ij} \right) e^{-\beta_3 e^{-(\beta_4 + \beta_5 \mathrm{MWMT}_{ij}) t_{ijk}}} + \varepsilon_{ijk} \qquad (5.3)$$

式中，HD_{ijk} 为第 i 个省第 j 个样地第 k 次调查时的优势高；t_{ijk} 为第 i 个省第 j 个样地第 k 次调查时的林分年龄；b_{0i} 为省水平的随机效应参数，且 $b_{0i} \sim N(0, \psi_1)$，ψ_1 为省水平随机效应参数的方差协方差矩阵；b_{0ij} 为样地水平的随机效应参数，且 $b_{0ij} \sim N(0, \psi_2)$，$\psi_2$ 为样地水平随机效应参数的方差协方差矩阵；ε_{ijk} 为误差项，且 $\varepsilon_{ijk} \sim N(0, \mathbf{R}_{ij})$，$\mathbf{R}_{ij}$ 为第 i 个省第 j 个样地内的方差协方差矩阵。

由图 5-1 可以看出，式 (5.3) 没有明显的异方差现象，因此不考虑对式 (5.3) 做异方差处理，即 $\mathbf{R}_{ij} = \sigma^2 \mathbf{I}$。

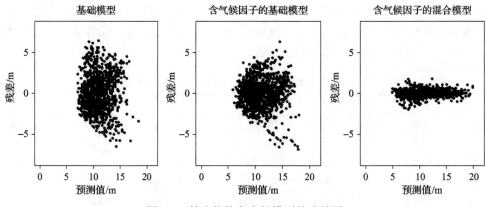

图 5-1 林分优势高生长模型的残差图

式(5.3)在 R 中的运行代码及输出结果如下：

> GM2 < -nlme（HD ～ （β0+β1*PPT_JJA+β2*MWMT）*exp（-（β3）*exp（-（β4+β5*MWMT）*t））, data= HD_normal, fixed=β0+β1+β2+β3+β4+β5～1,random= list（province=（β0 ～ 1）,subplot=（β0 ～ 1）),start=c（β0=23.9225,　β1=0.0205,　β2= −0.7491, β3= 1.6857, β4= −0.0567, β5=0.0049））

＞summary（GM2）

Nonlinear mixed-effects model fit by maximum likelihood

Model: HD～ （β0+β1*PPT_JJA+β2*MWMT）*exp（-（β3）*exp（-（β4+β5*MWMT）*t））

Data: HD_normal

AIC	BIC	logLik
2650.232	2694.773	−1316.116

Random effects:

Formula: β0～1 | province

	β0
StdDev:	2.943329

Formula: β0～1 | subplot %in% province

	β0	Residual
StdDev:	1.795232	0.5190505

Fixed effects: β0+β1+β2+β3+β4+β5～1

	Value	Std.Error	DF	t-value	p-value
β0	18.091332	3.240512	667	5.58286	0.0000
β1	0.010145	0.001783	667	5.69045	0.0000
β2	−0.408698	0.142480	667	−2.86846	0.0043
β3	1.936733	0.043176	667	44.85666	0.0000
β4	0.034881	0.010643	667	3.277365	0.0011
β5	0.001355	0.000442	667	3.06561	0.0023

Correlation:

	β0	β1	β2	β3	β4
β1	−0.180				
β2	−0.910	−0.040			
β3	−0.070	−0.038	0.049		
β4	−0.753	−0.071	0.826	0.114	
β5	0.742	0.058	−0.821	−0.016	−0.991

Standardized Within-Group Residuals:

Min	Q1	Med	Q3	Max
–3.769841989	–0.404833157	–0.006895598	0.441564781	3.471455303

Number of Observations: 1042

Number of Groups:

province subplot %in% province

7   370

"GM2"为临时对象，其中保存了式（5.3）的建模结果；"nlme（）"为构建非线性混合效应模型的函数，其中具体参数的解释见第二章；"summary（GM2）"为输出所建模型的结果。

获取各省（自治区、直辖市）随机效应估计值的代码及输出结果如下：

>random.effects（GM2）\$province

$\beta 0$

北京市   –3.4213664

河北省   –2.9661740

黑龙江省   2.7210493

吉林省   1.2733320

辽宁省   4.9582982

内蒙古自治区   –0.2095565

山西省   –2.3555826

东北三省随机效应估计值为正，而北京市、河北省、山西省和内蒙古自治区的随机效应估计值为负，这意味着气候相同时，东北三省优势高在理论上所能达到的最大值要高于其他省（自治区、直辖市）。

由表 5-2 可知，所有模型参数均显著。由表 5-3 可以看出，混合效应模型的拟合效果优于传统的回归模型，与式（5.2）相比，式（5.3）的 R_a^2 提高了 52.72%，AIC 降低了 37.05%，MAB 减小了 78.24%，RMA 降低了 76.17%，RMSE 降低了 76.72%，因此采用式（5.3）预测未来气候情景下东北、华北区域落叶松人工林优势高生长的变化。

5.2 气候影响模拟

为了预测林分优势高生长对未来气候变化响应，以第六期的林分数据作为期初状态，选取式（5.3）预测未来（2010～2099 年）气候变化下落叶松人工林每年的林分优势高。

总的来看（表 5-4～表 5-6），与当前气候条件相比，未来的气候情景下，最热月平均气温和夏季降水量呈现上升态势，而优势高则呈现减少的态势，不同气候情景下优势高的平均差值为 −0.40～−0.02 m(−3.65%～−0.19%)，差值的变化范围在 −0.81～0.75 m(−8.97%～8.38%)。分时间段看，在 2010～2039 年，优势高平均差值的大小顺序为：RCP8.5＞RCP2.6＞RCP4.5；在 2040～2069 年，优势高平均差值的大小顺序为：RCP4.5＞RCP2.6＞RCP8.5；而在 2070～2099 年，优势高平均差值的大小顺序为：RCP2.6＞RCP4.5＞RCP8.5。

表 5-4　不同气候情景下 MWMT 的变化

时间段	气候情景	MWMT/℃				MWMT 的差值/℃		
		平均值	标准差	最大值	最小值	平均值	最大值	最小值
1951～2009 年	Current	20.48	1.94	23.92	14.65	0.00	0.00	0.00
2010～2039 年	RCP2.6	21.00	1.86	24.40	15.20	0.53	1.00	−0.20
	RCP4.5	23.79	1.96	27.30	17.50	3.31	3.78	2.70
	RCP8.5	20.92	1.82	24.40	15.40	0.45	1.01	0.00
2040～2069 年	RCP2.6	21.48	1.95	24.90	15.50	1.00	1.42	0.68
	RCP4.5	21.42	1.95	25.10	15.60	0.94	1.41	0.07
	RCP8.5	22.33	1.86	25.80	16.70	1.85	2.34	1.47
2070～2099 年	RCP2.6	21.34	1.91	24.80	15.40	0.86	1.38	0.27
	RCP4.5	22.31	1.89	25.70	16.50	1.83	2.24	1.31
	RCP8.5	23.79	1.96	27.30	17.50	3.31	3.78	2.70

表 5-5　不同气候情景下 PPT_JJA 的变化

时间段	气候情景	PPT_JJA/mm				PPT_JJA 的差值/mm		
		平均值	标准差	最大值	最小值	平均值	最大值	最小值
1951～2009 年	Current	407.59	95.77	733.97	252.53	0.00	0.00	0.00
2010～2039 年	RCP2.6	425.20	105.57	804.00	254.00	17.60	93.52	−38.65
	RCP4.5	477.16	122.75	962.00	290.00	69.57	228.03	16.53
	RCP8.5	425.13	103.33	751.00	259.00	17.54	67.13	−29.60
2040～2069 年	RCP2.6	434.98	107.50	829.00	265.00	27.39	108.10	−10.24
	RCP4.5	459.50	105.52	866.00	283.00	51.91	132.03	12.87
	RCP8.5	436.93	107.04	856.00	269.00	29.34	122.03	−7.27
2070～2099 年	RCP2.6	448.27	115.51	845.00	261.00	40.68	111.03	−32.32
	RCP4.5	451.43	103.87	840.00	276.00	43.84	106.03	6.85
	RCP8.5	477.16	122.75	962.00	290.00	69.57	228.03	16.53

表 5-6　不同气候情景下优势高的变化

时间段	气候情景	林分优势高/m				林分优势高差值/m		
		平均值	标准差	最大值	最小值	平均值	最大值	最小值
1951~2009 年	Current	10.95	2.97	19.78	5.37	0.00	0.00	0.00
2010~2039 年	RCP2.6	10.90	3.00	19.84	5.25	−0.05	0.34	−0.31
	RCP4.5	10.55	2.92	19.31	5.09	−0.40	0.75	−0.81
	RCP8.5	10.92	2.99	19.76	5.28	−0.03	0.21	−0.31
2040~2069 年	RCP2.6	10.84	2.96	19.65	5.24	−0.10	0.39	−0.30
	RCP4.5	10.92	2.95	19.76	5.31	−0.02	0.56	−0.23
	RCP8.5	10.69	2.95	19.51	5.15	−0.26	0.37	−0.58
2070~2099 年	RCP2.6	10.91	2.98	19.75	5.24	−0.04	0.47	−0.31
	RCP4.5	10.74	2.94	19.54	5.22	−0.21	0.29	−0.50
	RCP8.5	10.55	2.92	19.31	5.09	−0.40	0.75	−0.81

5.2.1　气候变化对不同省(自治区、直辖市)落叶松人工林优势高生长的影响

为了研究落叶松对气候变化响应的空间差异，不同气候情景下各省(自治区、直辖市)林分优势高生长的平均变化情况以曲线图的形式展示(图 5-2)。

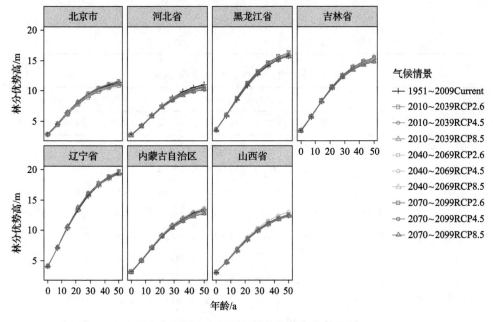

图 5-2　2010~2099 年林分优势高的趋势图

如图 5-2 所示，总的来看，各省(自治区、直辖市)林分优势高生长的变化差异不明显。

　　为了进一步分析落叶松人工林林分优势高对未来气候变化的响应，与当前气候条件下的林分优势高相比，不同气候情景下各省(自治区、直辖市)林分优势高的差值以箱线图展示(图 5-3)。

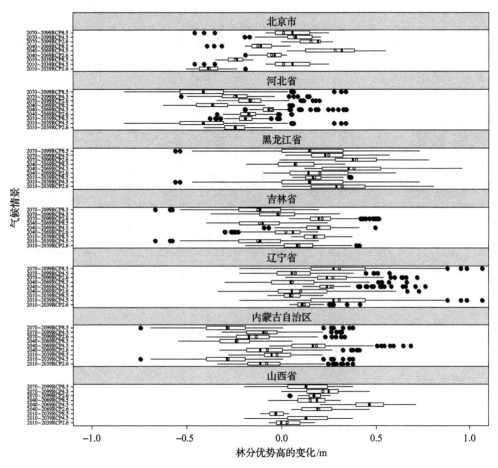

图 5-3　未来气候变化下 2010～2099 年各省(自治区、直辖市)林分优势高差值

　　总的来说，与当前气候相比，未来气候情景下，北京市、河北省和内蒙古自治区林分优势高的差值为负，分别为–0.03 m、–0.25 m、–0.11 m，其余各省的优势高差值为正，分别为黑龙江省 0.23 m、吉林省 0.04 m、辽宁省 0.17 m、山西省 0.16 m。从波动范围来看，仅北京市和山西省波动范围较小，分别为–0.51～0.55 m、–0.20～0.71 m，其余各省(自治区)未来气候情景下优势高的变化均较大，分别为河北省–0.83～0.34 m、黑龙江省–0.56～0.96 m、吉林省–0.67～0.51 m、辽宁省–0.34～1.25 m、内蒙古自治区–0.74～0.68 m。

5.2.2　气候变化对不同龄组落叶松人工林优势高生长的影响

为了研究落叶松对气候变化的响应与龄组的关系,与当前气候条件下的林分优势高相比,不同气候情景下各龄组林分优势高的差值以箱线图展示(图 5-4)。

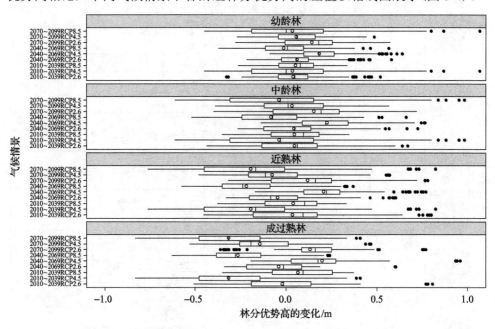

图 5-4　未来气候变化下 2010~2099 年各龄组林分优势高差值

与当前气候条件下的林分优势高相比,在未来气候情景下,各龄组的落叶松人工林的林分优势高呈现不同的趋势,不同龄组林分优势高的平均差值大小顺序为:幼龄林(0.07 m)＞中龄林(0.04 m)＞近熟林(–0.03 m)＞成过熟林(–0.08 m),即随着年龄的增加,未来气候情景下的林分优势高呈现减少的趋势。

5.2.3　气候变化对不同气候带落叶松人工林优势高生长的影响

为了研究落叶松对气候变化的响应与气候带分布的关系,与当前气候条件下的林分优势高相比,不同气候情景下各气候带优势高的差值以箱线图展示(图 5-5)。

与当前气候条件下的林分优势高相比,在未来气候情景下,各气候带的落叶松人工林的林分优势高呈现不同的趋势,不同气候带林分优势高的平均差值大小顺序为:寒温带(–0.17 m)＜中温带(0.03 m)＜暖温带(0.04 m)。

从变化范围看,中温带林分优势高差值的变化最大,其范围为–0.83~1.25 m;寒温带变化范围最小,为–0.74~0.27 m;暖温带林分优势高差值的变化范围为–0.60~0.71 m。

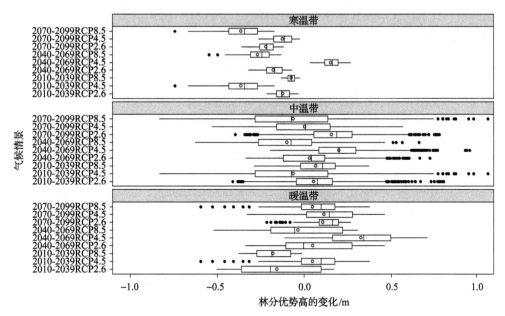

图 5-5 未来气候变化下 2010～2099 年各气候带林分优势高差值

5.3 小 结

(1) 建立了包含气候因子的林分优势高生长模型,模拟未来气候变化对林分优势高的影响。

(2) 与当前气候条件下的林分优势高相比,未来气候情景下林分优势高呈现减少的态势,不同气候情景下优势高的平均差值为–0.02～–0.40 m(–0.19%～–3.65%),差值的变化范围在–0.81～0.75 m(–8.97%～8.38%)。

(3) 分省(自治区、直辖市)分析林分优势高对气候的响应时发现:与当前气候条件下的林分优势高相比,不同省(自治区、直辖市)落叶松人工林的林分优势高生长对气候变化的响应不同,北京市、河北省和内蒙古自治区林分优势高的差值为负,其余各省的优势高差值为正。

(4) 分龄组分析林分优势高对气候的响应时发现:与当前气候条件下的林分优势高相比,在未来气候情景下,各龄组的落叶松人工林的林分优势高呈现不同的趋势,不同龄组林分优势高的平均差值大小顺序为:幼龄林(0.07 m)>中龄林(0.04 m)>近熟林(–0.03 m)>成过熟林(–0.08 m),即随着年龄的增加,未来气候情景下的林分优势高呈现减少的趋势。

(5) 分气候带分析林分优势高对气候的响应时发现:总的来看,与当前气候条件下的林分优势高相比,各气候带的落叶松人工林的林分优势高呈现不同的趋势,不同气候带林分优势高的平均差值大小顺序为：寒温带(−0.17 m)＜中温带(0.03 m)＜暖温带(0.04 m)。

参 考 文 献

孟宪宇. 2006. 测树学. 3 版. 北京: 中国林业出版社: 106-187.

Bošeľa M, Máliš F, Kulla L, et al. 2013. Ecologically based height growth model and derived raster maps of Norway spruce site index in the Western Carpathians. European Journal of Forest Research, 132: 691-705.

Khaine I, Woo S Y. 2015. An overview of interrelationship between climate change and forests. Forest Science and Technology, 11: 11-18.

Sharma R P, Brunner A, Eid T, et al. 2011. Modelling dominant height growth from national forest inventory individual tree data with short time series and large age errors. Forest Ecology and Management, 262: 2162-2175.

Skovsgaard J P, Vanclay J K. 2008. Forest site productivity: a review of the evolution of dendrometric concepts for even-aged stands. Forestry, 81(1): 13-31.

第6章 气候变化对落叶松人工林枯死的影响

林分枯死是森林演替的重要组成部分。枯死的发生是一个复杂的过程,并受很多因素的影响,如环境因素、病虫害、间伐等(Gonzalez-Benecke et al., 2012)。同时,林分枯死也会改变森林的结构、树种组成、碳存储(Pacala et al., 1996; Wyckoff and Clark, 2002)乃至大气和地面的水通量及能量通量(Breshears and Allen, 2002; Chapin et al., 2008)。由于气候变暖和干旱加剧会引起林分枯死率的变化(Michaelian et al., 2011; Peng et al., 2011),因而会间接引发森林生态系统结构、组成、水循环和能量循环的大变动。因此,研究不同间伐强度下林分枯死对气候变化的响应对预测未来林分枯死状况、分析森林生态系统的演替趋势有重要意义。

本章采用混合效应模型构建了含间伐强度和气候变量的林分株数转移模型,并依此计算出各年的每公顷株数,相邻两年的每公顷株数之差即为一年内的枯死株数,进而计算了受气候影响的林分枯死的差异。

6.1 模 型 建 立

6.1.1 基础模型

考虑到模型的收敛性,选用 Thapa 和 Burkhart 等(2015)的单位面积株数生长模型,模型形式如下:

$$N_2 = \left(N_1^{\beta_0} + \left(\frac{SI}{10000} \right)^{\beta_1} \left(t_2^{\beta_2} - t_1^{\beta_2} \right) \right)^{\frac{1}{\beta_0}} + \varepsilon \tag{6.1}$$

式中,N_2、N_1 分别为林分年龄为 t_2 和 t_1 时林分每公顷存活株数;SI 为地位指数;β_0、β_1、β_2 为模型参数;ε 为误差项。

式(6.1)在 R 中的运行代码及输出结果如下:

＞M1 <- nls(N2～(N1^β0+((SI /10000)^β1)*((t2^β2)-(t1^β2)))^(1/β0), data=GMD_normal, start=c(β0= −0.5957, β1= 2.2931, β2= 2.8852))
＞summary(M1)
Formula: N2～(N1^β0+((SI /10000)^β1)*((t2^β2)-(t1^β2)))^(1/β0)
Parameters:

       Estimate   Std. Error   t value   Pr(＞|t|)

β0	−0.5572	0.1428	−3.901	0.000105 ***
β1	2.2350	0.2054	10.884	< 2e-16 ***
β2	2.8288	0.2187	12.935	< 2e-16 ***

Signif. codes:　0 '***' 0.001 '**' 0.01 '*' 0.05 '.' 0.1 ' ' 1

Residual standard error: 173.4 on 691 degrees of freedom

Number of iterations to convergence: 5

Achieved convergence tolerance: 2.962e-06

"M1"为临时对象，其中存储了式(6.1)的建模结果；"summary(M1)"能输出构建的模型的结果。

为了分析间伐强度对林分枯死的影响，采用再参数化的方法建立含间伐效应的林分株数转移模型，最终的模型形式如下：

$$N_2 = \left(N_1^{\beta_0} + \left(\frac{SI}{10000} \right)^{\beta_1 + \beta_3 \text{Bathinp}} \left(t_2^{\beta_2} - t_1^{\beta_2} \right) \right)^{\frac{1}{\beta_0}} + \varepsilon \tag{6.2}$$

式中，Bathinp 为调查间隔期内被采伐林木的每公顷断面积百分比；β_0、β_1、β_2、β_3 为模型参数；其余变量如前所述。

式(6.2)在 R 中的运行代码及输出结果如下：

＞M2<-nls(N2～(N1^β0+((SI /10000)^ β1+β3* Bathinp)*((t2^β2)-(t1^β2)))^(1/β0)，data=GMD_normal，start=c(β0= −0.1314，β1= 1.4110，β2=1.5560，β3=−0.7545))

＞summary(M2)

Formula: N2～(N1^β0+((SI /10000)^ β1 +β3 * Bathinp)*((t2^β2)-(t1^β2)))^(1/β0)

Parameters:

	Estimate	Std. Error	t value	Pr(＞|t|)
β0	−0.50501	0.06058	−8.336	4.16e-16 ***
β1	1.84536	0.08842	20.871	< 2e-16 ***
β2	2.00756	0.10341	19.414	< 2e-16 ***
β3	−0.90765	0.02281	−39.785	< 2e-16 ***

Signif. codes:　0 '***' 0.001 '**' 0.01 '*' 0.05 '.' 0.1 ' ' 1

Residual standard error: 84.83 on 690 degrees of freedom

Number of iterations to convergence: 8

Achieved convergence tolerance: 2.534e-06

"M2"为临时对象，其中存储了式(6.2)的建模结果；"summary(M2)"能输出构建的模型的结果。

由表 6-1 可以看出，间伐效应对林分株数变化的影响显著。如表 6-2 所示，与式(6.1)相比，式(6.2)的 R_a^2 提高了 6.89%，AIC 降低了 10.86%，MAB 减小了 44.46%，RMA 降低了 25.00%，RMSE 降低了 51.11%，这说明落叶松人工林林分株数变化受间伐影响比较明显。

6.1.2　含气候因子的基础模型

为了分析气候变化对林分株数的影响，采用再参数化的方法建立气候敏感的林分株数变化模型，即将式(6.2)中的所有参数用含有气候变量的函数描述，最终的模型形式如下：

$$N_2 = \left(N_1^{\beta_0 + \beta_4 \times \text{Tave\_JJA}} + \left(\frac{\text{SI}}{10000} \right)^{\beta_1 + \beta_3 \text{Bathinp}} \left(t_2^{\beta_2} - t_1^{\beta_2} \right) \right)^{\frac{1}{\beta_0 + \beta_4 \times \text{Tave\_JJA}}} + \varepsilon \quad (6.3)$$

式中，Tave_JJA 为夏季平均气温；$\beta_0 \sim \beta_4$ 为模型参数；其他变量如前所述。

式(6.3)在 R 中的运行代码及输出结果如下：

>M21<- nls(N2~(N1^(β0+Tave_JJA*β4)+((SI/10000)^β1 +β3 * Bathinp)*((t2^β2)-(t1^β2)))^(1/(β0+Tave_JJA*β4)), data=GMD_normal, start=c(β0= −0.2511, β1= 1.7966, β2= 1.9459, β3= −0.9079, β4= −0.0121))

>summary(M21)

Formula: N2~(N1^(β0+Tave_JJA*β4)+((SI /10000)^ β1 +β3 * Bathinp)*((t2^β2)-(t1^β2)))^(1/(β0+Tave_JJA*β4))

Parameters:

	Estimate	Std. Error	t value	Pr(>|t|)
β0	−0.251148	0.087399	−2.874	0.00418 **
β1	1.796624	0.085723	20.959	< 2e-16 ***
β2	1.945908	0.100874	19.291	< 2e-16 ***
β3	−0.907928	0.022243	−40.818	< 2e-16 ***
β4	−0.012158	0.002652	−4.585	5.39e-06 ***

Signif. codes:　0 '***' 0.001 '**' 0.01 '*' 0.05 '.' 0.1 ' ' 1

Residual standard error: 83.51 on 689 degrees of freedom

Number of iterations to convergence: 0

Achieved convergence tolerance: 8.875e-06

"M21"为临时对象，其中存储了式(6.3)的建模结果；"summary（M21）"能输出构建的模型的结果。

表 6-1 列出了模型的参数估计值，由表 6-1 可知，夏季平均气温显著影响了落叶松人工林林分平均高生长。此外，由表 6-2 可知，与式(6.2)相比，在考虑了气候变量之后，式(6.3)仅 RMA 增加了 0.14%，其余评价指标如 R_a^2 提升了 0.06%，AIC 降低了 0.26%，MAB 降低了 2.13%，RMSE 降低了 1.63%，这也说明了气候对落叶松人工林林分株数变化存在一定的影响。

表 6-1　林分株数转移模型的参数估计值

模型	统计量	β_0	β_1	β_2	β_3	β_4	δ_1	δ_{11}	σ
式(6.1)	估计值	−0.5572	2.2350	2.8288					173.4000
	标准差	0.1428	0.2054	0.2187					
式(6.2)	估计值	−0.5050	1.8454	2.0076	−0.9077				84.8300
	标准差	0.0606	0.0884	0.1034	0.0228				
式(6.3)	估计值	−0.2511	1.7966	1.9459	−0.9079	−0.0122			83.5100
	标准差	0.0874	0.0857	0.1009	0.0222	0.0027			
式(6.4)	估计值	−0.1758	1.9599	2.2527	−0.9617	−0.0149	0.0309	0.0804	51.9894
	标准差	0.0788	0.1250	0.1477	0.0319	0.0064			

注：δ_1 为 b_{1i} 的标准差，δ_{11} 为 b_{1ij} 的标准差，σ 为误差的标准差。

表 6-2　林分株数转移模型的统计量

模型	R_a^2	AIC	MAB/(株·hm^{-2})	RMA	RMSE/(株·hm^{-2})
式(6.1)	0.9169	9130.2510	104.3632	0.0961	172.9995
式(6.2)	0.9801	8139.0590	57.9595	0.0721	84.5829
式(6.3)	0.9807	8118.2800	56.7232	0.0722	83.2061
式(6.4)	0.9942	7831.1380	32.3574	0.0350	45.4788

6.1.3　含气候因子的混合效应模型

为了消除嵌套的数据结构带来的问题，针对式(6.3)添加了省水平随机效应参数，模型形式如下：

$$N_{2ijk} = \left(N_{1ijk}^{\beta_0+\beta_4\times\text{Tave\_JJA}} + \left(\frac{\text{SI}_{ij}}{10000}\right)^{\beta_1+b_{1i}+b_{1ij}+\beta_3\text{Bathinp}_{ijk}} \left(t_{2ijk}^{\beta_2}-t_{1ijk}^{\beta_2}\right) \right)^{\frac{1}{\beta_0+\beta_4\times\text{Tave\_JJA}_{ijk}}} + \varepsilon_{ijk}$$

$$(6.4)$$

式中，N_{2ijk}、N_{1ijk} 分别为第 i 个省第 j 个样地第 k 个调查间隔中期末林分年龄 t_{2ijk} 和期初林分年龄 t_{1ijk} 时林分每公顷存活株数；Bathinp$_{ijk}$ 为第 i 个省第 j 个样地第 k 个调查间隔中被采伐林木的每公顷断面积百分比；b_{1i} 为省水平的随机效应参数，且 $b_{1i} \sim N(0, \boldsymbol{\psi}_1)$，$\boldsymbol{\psi}_1$ 表示省水平随机效应参数的方差协方差矩阵；b_{1ij} 为样地水平的随机效应参数且 $b_{1ij} \sim N(0, \boldsymbol{\psi}_2)$，$\boldsymbol{\psi}_2$ 表示样地水平随机效应参数的方差协方差矩阵；ε_{ijk} 为误差项且 $\varepsilon_{ijk} \sim N(0, \boldsymbol{R}_{ij})$，$\boldsymbol{R}_{ij}$ 为第 i 个省第 j 个样地内的方差协方差矩阵；β_0、β_1、β_2、β_3 为模型参数；SI$_{ij}$ 为第 i 个省第 j 个样地的地位指数。

由图 6-1 可以看出，式(6.4)没有明显的异方差现象，因此不考虑对式(6.4)做异方差处理，即 $\boldsymbol{R}_{ij} = \sigma^2 \boldsymbol{I}$。

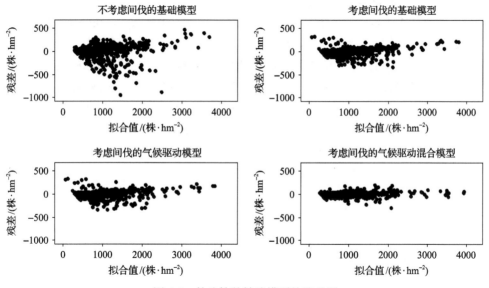

图 6-1　林分株数转移模型的残差图

式(6.4)在 R 中的运行代码及输出结果如下：

```
> M21m < -nlme(N2 ~ (N1^(β0+Tave_JJA*β4)+ ((SI /10000)^(β1 +β3 *
Bathinp)*((t2^β2)-(t1^β2)))^(1/(β0+Tave_JJA*β4)), data=GMD_normal, fixed=β0
+β1+β2+β3+β4~1, random=list(province=(β1~1), subplot=(β1~1)), start=c(β0=
−0.2511 β1= 1.7966, β2= 1.9459, β3= −0.9079, β4= −0.0121))
>summary(M21m)
```

Nonlinear mixed-effects model fit by maximum likelihood

Model: N2 ~ (N1^(β0+Tave_JJA*β4)+ ((SI /10000)^(β1 +β3 * Bathinp)*
((t2^β2)-(t1^β2)))^(1/(β0+Tave_JJA*β4))

　Data: GMD_normal

AIC   BIC   logLik
7831.138   7867.478   −3907.569

Random effects:
　Formula: β1～1 | province

β1

StdDev: 0.03091693

Formula: β1～1 | subplot %in% province

β1   Residual

StdDev: 0.08038309   51.98935

Fixed effects: β0 +β1+β2+β3+β4～1

	Value	Std.Error	DF	t-value	p-value
β0	−0.1757987	0.07883323	320	−2.230008	0.0264
β1	1.9599147	0.12503081	320	15.675454	0.0000
β2	2.2526576	0.14773967	320	15.247480	0.0000
β3	−0.9616565	0.03193878	320	−30.109365	0.0000
β4	−0.0149252	0.00642342	320	−2.323563	0.0208

　Correlation:

	β0	β1	β2	β3
β1	−0.541			
β2	−0.305	0.882		
β3	0.228	−0.145	0.066	
β4	−0.829	0.100	0.042	−0.079

Standardized Within-Group Residuals:

Min	Q1	Med	Q3	Max
−5.6930300	−0.2265724	0.2064299	0.5664143	3.7666626

Number of Observations: 694

Number of Groups:

province subplot %in% province
7   370

　　"M21m"为临时对象,其中保存了式(6.4)的建模结果;"nlme()"为构建非线性混合效应模型的函数,其中具体参数的解释见第二章;"summary(M21m)"是输出所建模型的结果。

　　各省(自治区、直辖市)随机效应估计值的获取代码及输出结果如下:

＞random.effects(M21m)$province

	β1
北京市	0.006443556
河北省	−0.058852939
黑龙江省	0.007216791
吉林省	0.010088321
辽宁省	0.001948177
内蒙古自治区	0.025351477
山西省	0.007804617

仅河北省的随机效应估计值小于 0，其余省（自治区、直辖市）的随机效应估计值均大于 0，这意味着在河北省期末株数随立地质量的增加而减小的幅度低于其他省（自治区、直辖市）。

由表 6-2 可知，混合效应模型的拟合效果和预测精度均优于传统的回归模型，与式(6.3)相比，式(6.4)的 R_a^2 提升了 1.38%，AIC 降低了 3.54%，MAB 降低了 42.96%，RMA 降低了 51.52%，RMSE 降低了 45.34%。因此，采用式(6.4)预测未来气候情景下东北、华北区域落叶松人工林枯死的变化。

6.2　气候影响模拟

基于预测林分每年枯死对未来气候变化响应的目的，以第六期的林分数据作为期初状态，选取式(6.4)预测未来(2010～2099 年)气候变化下落叶松人工林每年的林分公顷株数（自然生长），相邻年间林分株数之差即为林分枯死株数，由此分析未来气候情景下林分枯死变化情况。

由表 6-3、表 6-4 可知，整体上来看，与当前气候相比，未来气候情景下，夏季平均气温呈现增加的态势，而林分枯死在 2010～2039 年呈现增加的态势，在 2040～2099 年呈现减少的态势，即气候变化先加速了林分枯死后又减缓了林分枯死，三种气候情景下林分枯死株数的平均差值为−3.96～0.54 株·hm^{-2}·a^{-1}（−40.08%～4.56%），差值的变化范围为−26～13 株·hm^{-2}·a^{-1}（−96.00%～200.00%）。

表 6-3　不同气候情景下 Tave_JJA 的变化

时间段	气候情景	Tave_JJA/℃				Tave_JJA 的差值/℃		
		平均值	标准差	最大值	最小值	平均值	最大值	最小值
2010～2039 年	Current	18.91	1.91	22.45	13.35	0.00	0.00	0.00
	RCP2.6	19.67	1.83	23.20	14.30	0.76	1.18	0.07
	RCP4.5	19.40	1.91	23.00	13.80	0.49	0.91	−0.05
	RCP8.5	19.58	1.88	23.30	14.30	0.66	1.24	0.14

时间段	气候情景	Tave_JJA/℃				Tave_JJA 的差值/℃		
		平均值	标准差	最大值	最小值	平均值	最大值	最小值
2040~2069 年	Current	18.91	1.91	22.45	13.35	0.00	0.00	0.00
	RCP2.6	19.97	1.93	23.50	14.30	1.05	1.39	0.81
	RCP4.5	20.05	1.91	23.80	14.50	1.13	1.51	0.54
	RCP8.5	21.14	1.88	24.80	15.50	2.22	2.58	1.70
2070~2099 年	Current	18.91	1.91	22.45	13.35	0.00	0.00	0.00
	RCP2.6	20.06	1.88	23.60	14.40	1.14	1.57	0.69
	RCP4.5	20.89	1.83	24.40	15.60	1.97	2.51	1.34
	RCP8.5	22.30	1.87	25.80	16.70	3.39	3.71	2.86

表 6-4　不同气候情景下林分年枯死的趋势

时间段	气候情景	林分年枯死/(株·hm^{-2}·a^{-1})				林分年枯死的差值/(株·hm^{-2}·a^{-1})		
		平均值	标准差	最大值	最小值	平均值	最大值	最小值
2010~2039 年	Current	11.78	9.52	54	0	0.00	0	0
	RCP2.6	12.32	9.89	57	0	0.54	4	0
	RCP4.5	12.14	9.79	56	0	0.36	3	−1
	RCP8.5	12.26	9.87	57	0	0.48	4	0
2040~2069 年	Current	11.56	7.75	46	1	0.00	0	0
	RCP2.6	10.70	6.61	44	1	−0.86	9	−22
	RCP4.5	10.87	6.75	45	1	−0.69	10	−21
	RCP8.5	11.43	7.14	48	1	−0.13	13	−20
2070~2099 年	Current	9.89	6.12	36	1	0.00	0	0
	RCP2.6	5.93	4.29	32	1	−3.96	5	−26
	RCP4.5	6.19	4.51	33	1	−3.71	6	−26
	RCP8.5	6.22	4.64	36	1	−3.67	9	−26

6.2.1　气候变化对不同省(自治区、直辖市)落叶松人工林株数的影响

为了研究落叶松对气候变化响应的空间差异,不同气候情景下各省(自治区、直辖市)落叶松林分每公顷株数的平均变化情况以曲线图的形式展示(图 6-2)。

如图 6-2 所示,总的来看,各省(自治区、直辖市)未来气候情景下每公顷株数下降速度均快于当前气候条件,这意味着从总体来看,气候变化会加速林木枯死。

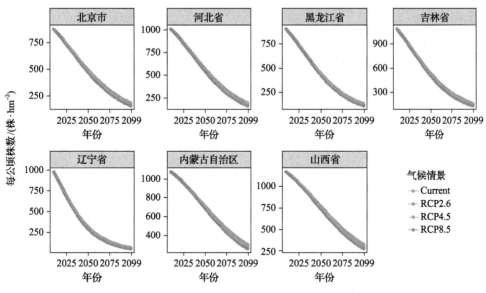

图 6-2　2010～2099 年林分每公顷株数的趋势图

为了进一步分析落叶松人工林林分枯死对未来气候变化的响应，与当前气候条件下的林分枯死株数相比，不同气候情景下各省（自治区、直辖市）林分枯死株数的差值以箱线图展示（图 6-3）。

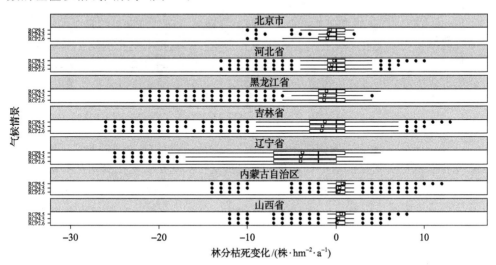

图 6-3　未来气候变化下 2010～2099 年各省（自治区、直辖市）林分枯死株数差值

总的来说，与当前气候相比，未来气候情景下仅内蒙古自治区（0.48 株·hm^{-2}·a^{-1}）和山西省（0.31 株·hm^{-2}·a^{-1}）的平均枯死株数差值为正，即林分枯死株数出现增加的状况，而北京市（−0.85 株·hm^{-2}·a^{-1}）、河北省（−0.43 株·hm^{-2}·a^{-1}）、黑龙江省

(−1.24 株·hm^{-2}·a^{-1})、吉林省(−1.45 株·hm^{-2}·a^{-1})、辽宁省(−3.88 株·hm^{-2}·a^{-1})的林分枯死株数均出现减少的状况。另外,除北京市的林分每年枯死株数差值的变化范围是−10~2 株·hm^{-2}·a^{-1}外,各省(自治区、直辖市)的林分每年枯死株数差值变动较大:河北省的林分每年枯死差值的变化范围是−13~10 株·hm^{-2}·a^{-1}、黑龙江省是−22~5 株·hm^{-2}·a^{-1}、吉林省是−26~13 株·hm^{-2}·a^{-1}、辽宁省是−25~5 株·hm^{-2}·a^{-1}、内蒙古自治区是−14~12 株·hm^{-2}·a^{-1}、山西省是−12~8 株·hm^{-2}·a^{-1},说明各省(自治区、直辖市)落叶松人工林的林分每年枯死株数对气候变化的响应有着较大的波动性。

6.2.2　气候变化对不同龄组落叶松人工林枯死的影响

与当前气候条件下的林分枯死株数相比,不同气候情景下各龄组林分枯死株数的差值如图 6-4 所示。

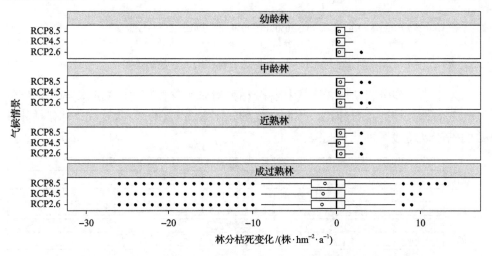

图 6-4　未来气候变化下 2010~2099 年各龄组林分年枯死株数差值

与当前气候条件下的林分枯死株数相比,除成过熟林外,在未来气候情景下,各龄组的落叶松人工林的林分枯死状态都呈现增加的趋势,不同龄组林分枯死株数的平均差值大小顺序为成过熟林(−1.54 株·hm^{-2}·a^{-1})<幼龄林(0.35 株·hm^{-2}·a^{-1})<中龄林(0.46 株·hm^{-2}·a^{-1})<近熟林(0.49 株·hm^{-2}·a^{-1}),其中,未来气候情景下的幼龄林和中龄林林分枯死株数差值均为正值,意味着气候变化对幼中龄林的影响均为加速枯死,而对近成过熟林的影响则表现出一定的不确定性。

6.2.3　气候变化对不同气候带落叶松人工林枯死的影响

为了研究落叶松对气候变化的响应与气候带分布的关系,与当前气候条件下的林分枯死株数相比,不同气候情景下各气候带林分枯死株数的差值以箱线图展示(图 6-5)。

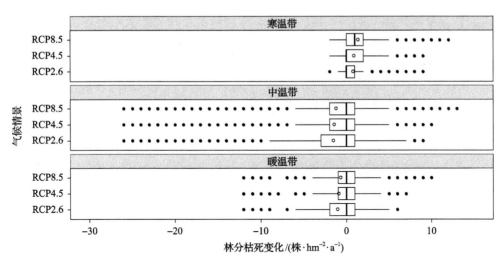

图 6-5　未来气候变化下 2010～2099 年各气候带林分年枯死株数差值

如图 6-5 所示，与当前气候条件下的林分枯死相比，在未来气候情景下，寒温带（平均差值为 1.03 株·hm^{-2}·a^{-1}）的落叶松人工林的林分枯死株数呈现增加的趋势，中温带（–1.41 株·hm^{-2}·a^{-1}）和暖温带（–0.86 株·hm^{-2}·a^{-1}）的林分枯死则表现出减少态势。另外，未来气候情景下中温带林分枯死株数的变化波动性最大，差值的变化范围是–26～13 株·hm^{-2}·a^{-1}，寒温带和暖温带林分枯死变化较小，差值的变化范围分别是–2～12 株·hm^{-2}·a^{-1}、–12～10 株·hm^{-2}·a^{-1}。

6.3　小　　结

（1）建立了包含间伐效应和反映气候变化影响的林分株数转移模型，并以此模拟未来气候变化对枯死的影响。

（2）与当前气候条件下的林分枯死相比，未来气候情景下林分枯死株数呈现先增加后减少的态势，林分枯死株数的平均差值为–3.96～0.54 株·hm^{-2}·a^{-1}（–40.08%～4.56%），差值的变化范围为–26～13 株·hm^{-2}·a^{-1}（–96.00%～200.00%）。

（3）分省（自治区、直辖市）分析林分枯死对气候的响应时发现：各省（自治区、直辖市）之间表现出了明显的差异，与当前气候条件相比，总的来看，未来气候情景下仅内蒙古自治区（0.48 株·hm^{-2}·a^{-1}）和山西省（0.31 株·hm^{-2}·a^{-1}）的平均枯死株数差值为正，即林分枯死株数出现增加的状况，而北京市（–0.85 株·hm^{-2}·a^{-1}）、河北省（–0.43 株·hm^{-2}·a^{-1}）、黑龙江省（–1.24 株·hm^{-2}·a^{-1}）、吉林省（–1.45 株·hm^{-2}·a^{-1}）、辽宁省（–3.88 株·hm^{-2}·a^{-1}）的林分枯死均出现减少的状况。

（4）分龄组分析林分枯死对气候的响应时发现：与当前气候条件下的林分枯死株数相比，除成过熟林外，在未来气候情景下，各龄组的落叶松人工林的林分枯死株数都呈现增加的趋势，不同龄组林分枯死的平均差值大小顺序为成过熟林 $(-1.54$ 株 $\cdot\mathrm{hm}^{-2}\cdot\mathrm{a}^{-1})$＜幼龄林 $(0.35$ 株 $\cdot\mathrm{hm}^{-2}\cdot\mathrm{a}^{-1})$＜中龄林 $(0.46$ 株 $\cdot\mathrm{hm}^{-2}\cdot\mathrm{a}^{-1})$＜近熟林 $(0.49$ 株 $\cdot\mathrm{hm}^{-2}\cdot\mathrm{a}^{-1})$。

　　(5)分气候带分析林分枯死对气候的响应时发现：与当前气候条件下的林分枯死相比，在未来气候情景下，寒温带(平均差值为 1.03 株 $\cdot\mathrm{hm}^{-2}\cdot\mathrm{a}^{-1})$的落叶松人工林的林分枯死株数都呈现增加的趋势，中温带 $(-1.41$ 株 $\cdot\mathrm{hm}^{-2}\cdot\mathrm{a}^{-1})$和暖温带 $(-0.86$ 株 $\cdot\mathrm{hm}^{-2}\cdot\mathrm{a}^{-1})$的林分枯死株数则表现出减少态势。另外，未来气候情景下中温带林分枯死株数的变化波动性最大，差值的变化范围是 $-26\sim13$ 株 $\cdot\mathrm{hm}^{-2}\cdot\mathrm{a}^{-1}$，寒温带和暖温带林分枯死株数的变化较小，差值的变化范围分别是 $-2\sim12$ 株 $\cdot\mathrm{hm}^{-2}\cdot\mathrm{a}^{-1}$、$-12\sim10$ 株 $\cdot\mathrm{hm}^{-2}\cdot\mathrm{a}^{-1}$。

参 考 文 献

Breshears D D, Allen C D. 2002. The importance of rapid, disturbance-induced losses in carbon management and sequestration. Global Ecology and Biogeography, 11: 1-5.

Chapin F S III, Randerson J T, McGuire A D, et al. 2008. Changing feedbacks in the climate-biosphere system. Frontiers in Ecology and the Environment, 6: 313-320.

Gonzalez-Benecke C A, Gezan S A, Leduc D J, et al. 2012. Modeling survival, yield, volume partitioning and their response to thinning for longleaf pine plantations. Forests, 3: 1104-1132.

Michaelian M, Hogg E H, Hall R J, et al. 2011. Massive mortality of aspen following severe drought along the southern edge of the Canadian boreal forest. Global Change Biology, 17: 2084-2094.

Pacala S W, Canham C D, Saponara J, et al. 1996. Forest models defined by field measurements: estimation, error analysis and dynamics. Ecological Monographs, 66: 1-43.

Peng C, Ma Z, Lei X, et al. 2011. A drought-induced pervasive increase in tree mortality across Canada's boreal forests. Natural Climate Change, 1: 467-471.

Thapa R, Burkhart H E. 2015. Modeling stand-level mortality of loblolly pine (*Pinus taeda* L.) using stand, climate, and soil variables. Forest Science, 61 (5): 834-846.

Wyckoff P H, Clark J S. 2002. The relationship between growth and mortality for seven co-occurring tree species in the southern Appalachian Mountains. Journal of Ecology, 90: 604-615.

第7章 气候变化对落叶松人工林断面积生长的影响

林分断面积是评价林分结构的重要因子，它既能反映单位面积的树木平均大小，又能描述单位面积树木的密度(Tewari and Singh, 2008)，因此常用于分析林分的密度，而且是构建林分生长收获模型的重要变量之一。分析林分断面积的变化是制订森林经营计划的基础。林分断面积模型广泛用于估计森林结构、资源的动态变化(Zhao and Li, 2013)。近年来，树木年轮方面的研究表明气候能显著影响树木的径向生长(尚华明等, 2015)。Ruiz-Benito 等(2014)在分析 1950～2000 年西班牙、德国和芬兰森林的生长时发现，水和温度是制约林分断面积生长的重要因素。

本章采用混合效应模型，采用再参数方法，构建了含气候因子的林分断面积生长模型，模拟了当前和未来气候情景下的林分断面积生长的差异，并分析了差异的时空变化。

7.1 模 型 建 立

7.1.1 基础模型

根据林分断面积生长的规律及相关的研究(Zhao and Li, 2013)，林分断面积模型应包括立地质量、林分密度和年龄三类自变量，故选用 Pienaart 和 Shiver(1986)的模型作为断面积模型。最终构建的林分断面积模型形式为

$$\mathrm{BA} = \mathrm{e}^{\beta_0 + \frac{\beta_1}{t}} \left(\frac{N}{1000} \right)^{\beta_2 + \frac{\beta_3}{t}} \mathrm{SI}^{\beta_4} + \varepsilon \tag{7.1}$$

式中，BA、N、t 分别为林分每公顷断面积、林分每公顷株数、林分年龄；SI 为地位指数；β_0、β_1、β_2、β_3、β_4 为模型参数；ε 为误差项。

式(7.1)在 R 中的运行代码及输出结果如下：

```
>P<-nls(BA~exp(β0+β1/t)*((N/1000)^(β2+β3/t))*(SI^β4), data=GMD_normal,
start=c(β0= 1.8258, β1= –29.7550, β2= 0.3292, β3= 10.1036, β4= 0.7631))
>summary(P)
Formula: BA~ exp(β0+β1/t)*((N/1000)^(β2+β3/t))*(SI^β4)
Parameters:
```

	Estimate	Std. Error	t value	Pr(>|t|)
β0	1.82580	0.12910	14.143	< 2e-16 ***

β1	−29.75496	1.26839	−23.459	< 2e-16 ***
β2	0.32918	0.08398	3.920	9.76e-05 ***
β3	10.10360	2.34724	4.304	1.92e-05 ***
β4	0.76306	0.05571	13.697	< 2e-16 ***

Signif. codes: 0 '***' 0.001 '**' 0.01 '*' 0.05 '.' 0.1 ' ' 1

Residual standard error: 3.475 on 689 degrees of freedom

Number of iterations to convergence: 0

Achieved convergence tolerance: 8.086e-09

"P"为临时对象，其中存储了式(7.1)的建模结果；"summary(P)"能输出构建的模型的结果。

7.1.2 含气候因子的基础模型

为了分析气候变化对断面积生长的影响，采用再参数化的方法建立气候敏感的断面积生长模型，即将式(7.1)中的所有参数用含有气候变量的函数描述，最终的模型形式如下：

$$BA = e^{\beta_0 + \beta_5 \times CMD + \frac{\beta_1}{t}} \left(\frac{N}{1000}\right)^{\beta_2 + \frac{\beta_3}{t}} SI^{\beta_4} + \varepsilon \tag{7.2}$$

式中，CMD 为 Hargreaves 水汽亏缺；$\beta_0 \sim \beta_5$ 为模型参数；其他变量如上所述。

式(7.2)在 R 中的运行代码及输出结果如下：

>P1<-nls(BA~ exp(β0+β5*CMD+β1/t)*((N/1000)^(β2+β3/t))*(SI^β4), data= GMD_normal, start=c(β0= 0.9936, β1= −30.9883, β2= 0.3387, β3= 10.5857, β4= 1.0214, β5= 0.0013))

>summary(P1)

Formula: BA~ exp(β0+β5*CMD +β1/t)*((N/1000)^(β2+β3/t))*(SI^β4)

Parameters:

	Estimate	Std. Error	t value	Pr(>|t|)
β0	9.936e-01	1.961e-01	5.065	5.24e-07 ***
β1	−3.099e+01	1.263e+00	−24.540	< 2e-16 ***
β2	3.387e-01	8.260e-02	4.100	4.62e-05 ***
β3	1.059e+01	2.314e+00	4.575	5.65e-06 ***
β4	1.021e+00	7.132e-02	14.321	< 2e-16 ***
β5	1.306e-03	2.271e-04	5.753	1.32e-08 ***

Signif. codes:　0 '***' 0.001 '**' 0.01 '*' 0.05 '.' 0.1 ' ' 1

Residual standard error: 3.4 on 688 degrees of freedom

Number of iterations to convergence: 0

Achieved convergence tolerance: 7.318e-09

"P1"为临时对象，其中存储了式(7.2)的建模结果；"summary(P1)"能输出构建的模型的结果。

由表 7-1 可知，CMD 显著影响落叶松林分断面积的生长，由表 7-2 可知，与式(7.1)相比，在考虑了气候变量之后，式(7.2)除 RMA 增加了 2.95%外，其余评价指标均有提升，R_a^2 提升了 1.90%，AIC 降低了 0.80%，MAB 降低了 0.33%，RMSE 降低了 2.25%，这也说明了气候对落叶松人工林林分断面积有一定的影响。

表 7-1　林分断面积生长模型的参数估计

模型	统计量	β_0	β_1	β_2	β_3	β_4	β_5	δ_0	δ_{00}	σ
式(7.1)	估计值	1.8258	−29.7550	0.3292	10.1036	0.7631				3.4750
	标准差	0.1291	1.2684	0.0840	2.3472	0.0557				
式(7.2)	估计值	0.9936	−30.9900	0.3387	10.5900	1.0210	0.0013			3.4000
	标准差	0.1961	1.2630	0.0826	2.3140	0.0713	0.0002			
式(7.3)	估计值	−2.1297	−28.1298	0.4421	7.3301	2.6013	−0.0008	0.4354	0.1500	0.9935
	标准差	0.2977	0.7031	0.0427	1.1129	0.0992	0.0002			

注：δ_0 和 δ_{00} 分别为 b_{0i} 和 b_{0ij} 的标准差，σ 为误差的标准差。

表 7-2　林分断面积生长模型的统计量

模型	R_a^2	AIC	MAB/(m²·hm⁻²)	RMA	RMSE/(m²·hm⁻²)
式(7.1)	0.6942	3705.5024	2.5153	0.2405	3.4628
式(7.2)	0.7074	3675.9544	2.5071	0.2476	3.3850
式(7.3)	0.9849	2668.2550	0.5956	0.0714	0.7672

7.1.3　含气候因子的混合效应模型

为了消除嵌套的数据结构带来的问题，针对式(7.2)添加了省水平和样地水平的随机效应参数，模型形式如下：

$$\mathrm{BA}_{ijk} = e^{\beta_0 + b_{0i} + b_{0ij} + \beta_5 \times \mathrm{CMD}_{ij} + \frac{\beta_1}{t_{ijk}}} \left(\frac{N_{ijk}}{1000}\right)^{\beta_2 + \frac{\beta_3}{t_{ijk}}} \mathrm{SI}_{ij}^{\ \beta_4} + \varepsilon_{ijk} \tag{7.3}$$

式中，BA_{ijk}、N_{ijk}、t_{ijk} 分别为第 i 个省第 j 个样地第 k 次调查时的林分每公顷断面积、林分每公顷株数、林分年龄；CMD 为第 i 个省第 j 个样地的 Hargreaves 水汽亏缺；SI_{ij} 为第 i 个省第 j 个样地的地位指数；b_{0i} 为省水平的随机效应参数，且 $b_{0i} \sim N(0, \boldsymbol{\psi}_1)$，$\boldsymbol{\psi}_1$ 为省水平随机效应参数的方差协方差矩阵；b_{0ij} 为样地水平的随机效应参数，且 $b_{0ij} \sim N(0, \boldsymbol{\psi}_2)$，$\boldsymbol{\psi}_2$ 为样地水平随机效应参数的方差协方差矩阵；ε_{ijk} 为误差项，且 $\varepsilon_{ijk} \sim N(0, \boldsymbol{R}_{ij})$，$\boldsymbol{R}_{ij}$ 为第 i 个省第 j 个样地内的方差协方差矩阵；β_0、β_1、β_2、β_3、β_4、β_5 为模型参数。

　　由图 7-1 可以看出，式 (7.3) 没有明显的异方差现象，因此不考虑对式 (7.3) 做异方差处理，即 $\boldsymbol{R}_{ij} = \sigma^2 \boldsymbol{I}$。

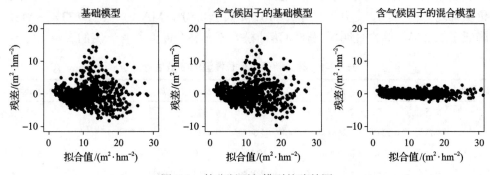

图 7-1　林分断面积模型的残差图

　　式 (7.3) 在 R 中的运行代码及输出结果如下：

> P1m<-nlme（BA~ exp（β0+β5*CMD +β1/t）*（（N/1000）^（β2+β3/t））*（SI^β4），data=GMD_normal，fixed=β0+β1+β2+β3+β4+β5~1，random=list（province=（β0~1），subplot=（β0~1）），start=c（β0=0.9936，β1=−30.9883，β2=0.3387，β3=10.5857，β4=1.0214，β5= 0.0013））

>summary（P1m）

Nonlinear mixed-effects model fit by maximum likelihood

　Model: BA~ exp（β0+β5*CMD +β1/t）*（（N/1000）^（β2+β3/t））*（SI^β4）

　Data: GMD_normal

AIC	BIC	logLik
2668.255	2709.138	−1325.128

Random effects:

　Formula: β0 ~ 1 | province

　　　　　β0

　StdDev: 0.4354143

　Formula: β0 ~ 1 | subplot %in% province

　　　　　β0　　　　　　　Residual

StdDev: 0.1499762   0.9934966

Fixed effects: β0 +β1+β2+β3+β4+β5 ~ 1

	Value	Std.Error	DF	t-value	p-value
β0	−2.129689	0.2976830	319	−7.15422	0.0000
β1	−28.129781	0.7031303	319	−40.00650	0.0000
β2	0.442116	0.0426524	319	10.36554	0.0000
β3	7.330122	1.1129035	319	6.58648	0.0000
β4	2.601346	0.0991842	319	26.22743	0.0000
β5	−0.000771	0.0002369	319	−3.25313	0.0013

Correlation:

	β0	β1	β2	β3	β4
β1	−0.041				
β2	−0.103	0.089			
β3	0.080	−0.224	−0.926		
β4	−0.807	−0.049	0.121	−0.079	
β5	−0.452	−0.038	0.047	−0.025	0.353

Standardized Within-Group Residuals:

Min	Q1	Med	Q3	Max
−2.43046018	−0.54470684	−0.09577386	0.44117227	2.68142749

Number of Observations: 694

Number of Groups:

province subplot %in% province

7   370

"P1m"为临时对象，其中存储了式(7.3)的建模结果；"summary(P1m)"能输出构建的模型的结果。

各省(自治区、直辖市)随机效应估计值的获取代码及输出结果如下：

> random.effects(P1m)$province

	β0
北京市	0.3030649
河北省	0.6430860
黑龙江省	−0.4062747
吉林省	−0.2817999
辽宁省	−0.6879880
内蒙古自治区	0.1734530

　　山西省　　　　　0.2564586

　　北京市、河北省、山西省和内蒙古自治区的随机效应估计值均大于 0，而东北三省的随机效应估计值则小于 0，这意味着在年龄、气候、立地条件及株数均相同的情况下，东北三省的林分断面积低于其他省(自治区、直辖市)。

　　由表 7-2 可以看出，混合效应模型可以显著提升林分断面积模型的精度。如表 7-2 所示，与式(7.2)相比，式(7.3)的 R_a^2 提高了 39.23%，AIC 降低了 27.41%，MAB 减小了 76.24%，RMA 降低了 71.16%，RMSE 降低了 77.34%，因此采用式(7.3)预测未来气候情景下东北、华北区域落叶松人工林林分断面积的生长变化。

7.2　气候影响模拟

　　基于预测林分断面积对未来气候变化响应的目的，以第六期的林分数据作为期初状态，选取气候敏感的林分断面积模型预测未来(2010～2099 年)气候变化下落叶松人工林林分断面积的变化情况，由于在预测未来各年度的林分断面积时，要求各年度的公顷株数为已知，采用第六章构建的含间伐和气候因子的林分株数转移模型来预测未来各年度的公顷株数，进而采用式(7.3)预估出未来各年度的林分断面积。

　　由表 7-3、表 7-4 可知，整体上来看，与当前气候相比，未来气候情景下，Hargreaves 水汽亏缺呈现减少的态势，而林分断面积在 2011～2069 年呈现增加的态势，在 2070～2099 年呈现减少的态势，即气候变化先加速后阻滞了林分断面积的生长，三种气候情景下林分断面积的平均差值为 –0.40～0.70 $m^2 \cdot hm^{-2}$（–3.47%～4.96%），差值的变化范围为 –2.81～1.97 $m^2 \cdot hm^{-2}$（–11.20%～9.16%）。

表 7-3　不同气候情景下 CMD 的变化趋势

时间段	气候情景	CMD				CMD 的差值		
		平均值	标准差	最大值	最小值	平均值	最大值	最小值
2010～2039 年	Current	223.18	65.61	398.41	86.24	0.00	0.00	0.00
	RCP2.6	177.04	89.10	401.00	12.00	–46.13	30.83	–106.32
	RCP4.5	154.07	83.05	388.00	10.00	–69.11	–2.51	–103.98
	RCP8.5	156.04	83.83	388.00	7.00	–67.14	1.65	–99.09
2040～2069 年	Current	223.18	65.61	398.41	86.24	0.00	0.00	0.00
	RCP2.6	159.50	76.51	367.00	6.00	–63.67	26.33	–102.25
	RCP4.5	135.28	77.10	338.00	6.00	–87.90	–9.75	–128.40
	RCP8.5	182.90	83.52	418.00	21.00	–40.27	36.30	–81.38
2070～2099 年	Current	223.18	65.61	398.41	86.24	0.00	0.00	0.00
	RCP2.6	157.60	87.46	381.00	11.00	–65.58	41.33	–110.79
	RCP4.5	175.49	84.72	399.00	22.00	–47.68	21.30	–91.69
	RCP8.5	182.80	83.65	410.00	19.00	–40.37	29.80	–99.40

表 7-4 不同气候情景下林分断面积的变化

时间段	气候情景	林分断面积/(m² · hm⁻²)				林分断面积的差值/(m² · hm⁻²)		
		平均值	标准差	最大值	最小值	平均值	最大值	最小值
2010～2039 年	Current	14.67	6.42	37.90	1.15	0.00	0.00	0.00
	RCP2.6	15.07	6.53	38.05	1.20	0.40	1.86	−0.99
	RCP4.5	15.37	6.64	38.06	1.24	0.70	1.87	−0.07
	RCP8.5	15.33	6.63	38.19	1.24	0.66	1.76	−0.26
2040～2069 年	Current	14.18	5.72	37.91	3.54	0.00	0.00	0.00
	RCP2.6	14.58	5.82	38.38	3.64	0.40	1.62	−1.06
	RCP4.5	14.89	5.91	38.74	3.72	0.70	1.97	−0.14
	RCP8.5	14.18	5.67	38.47	3.56	−0.01	1.05	−1.89
2070～2099 年	Current	11.43	4.78	35.23	2.55	0.00	0.00	0.00
	RCP2.6	11.63	4.74	34.44	2.63	0.20	1.12	−1.85
	RCP4.5	11.41	4.69	34.33	2.59	−0.02	0.89	−1.45
	RCP8.5	11.03	4.54	33.59	2.49	−0.40	0.47	−2.81

7.2.1 气候变化对不同省(自治区、直辖市)落叶松人工林断面积生长的影响

为了研究落叶松对气候变化响应的空间差异,不同气候情景下各省(自治区、直辖市)林分断面积的平均变化情况以曲线图的形式展示(图 7-2)。

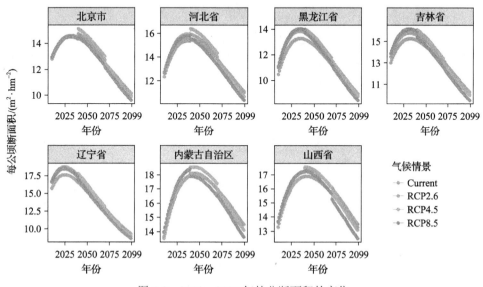

图 7-2 2010～2099 年林分断面积的变化

如图 7-2 所示,总的来看,在 2010～2039 年,各省(自治区、直辖市)未来气

候情景下林分断面积均高于当前气候条件下的林分断面积,这意味着从总体来看,气候变化会加速林分断面积的生长,但从 2040 年开始,这种趋势变得不明显,部分气候情景的林分断面积反而小于当前气候条件下的林分断面积。

　　为了进一步分析落叶松人工林林分断面积对未来气候变化的响应,与当前气候条件下的林分断面积相比,不同气候情景下各省(自治区、直辖市)林分断面积的差值以箱线图展示(图 7-3)。

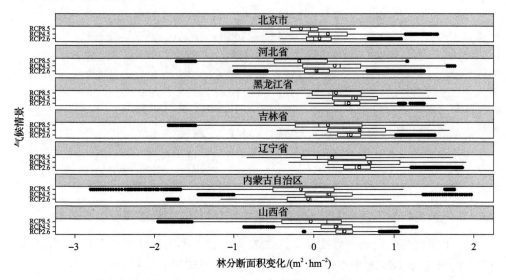

图 7-3　未来气候变化下 2010~2099 年各省(自治区、直辖市)林分断面积差值

　　总的来说,与当前气候相比,未来气候情景下仅内蒙古自治区(-0.01 m^2·hm^{-2})的平均林分断面积差值为负, 即林分断面积出现减少的状况, 而北京市(0.03 m^2·hm^{-2})、河北省(0.04 m^2·hm^{-2})、黑龙江省(0.41 m^2·hm^{-2})、吉林省(0.40 m^2·hm^{-2})、辽宁省(0.49 m^2·hm^{-2})和山西省(0.20 m^2·hm^{-2})的林分断面积均出现增加的状况,尤其东北三省的增加数值最大。另外,各省(自治区、直辖市)的林分断面积差值变动较大,北京市的林分断面积差值的变化范围是-1.15~1.55 m^2·hm^{-2}、河北省是-1.72~1.77 m^2·hm^{-2}、黑龙江省是-0.83~1.53 m^2·hm^{-2}、吉林省是-1.82~1.70 m^2·hm^{-2}、辽宁省是-0.84~1.91 m^2·hm^{-2}、内蒙古自治区是-2.81~1.97 m^2·hm^{-2}、山西省是-1.96~1.28 m^2·hm^{-2},说明了各省(自治区、直辖市)落叶松人工林的林分断面积对气候变化的响应有着较大的波动性。

7.2.2　气候变化对不同龄组落叶松人工林断面积的影响

　　与当前气候条件下的林分断面积相比,不同气候情景下各龄组林分断面积的差值如图 7-4 所示。

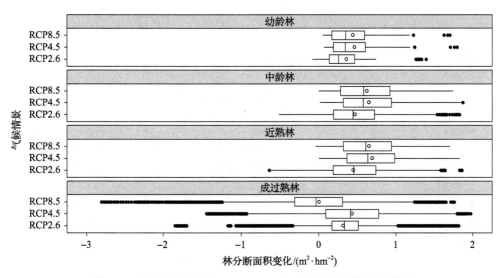

图 7-4　未来气候变化下 2010~2099 年各龄组林分断面积差值

与当前气候条件下的林分断面积相比,在未来气候情景下,各龄组落叶松人工林的林分断面积都呈现增加的趋势,这说明气候变化对林分断面积生长的影响主要表现为促进作用,不同龄组林分断面积的平均差值大小顺序为成过熟林(0.25 $m^2 \cdot hm^{-2}$)<幼龄林(0.42 $m^2 \cdot hm^{-2}$)<中龄林(0.58 $m^2 \cdot hm^{-2}$)<近熟林(0.60 $m^2 \cdot hm^{-2}$)。此外,各龄组的林分断面积对气候变化的响应波动程度随年龄增加而变大,幼龄林林分断面积差值的变化范围是-0.08~1.80 $m^2 \cdot hm^{-2}$、中龄林是-0.52~1.87 $m^2 \cdot hm^{-2}$、近熟林是-1.86~0.64 $m^2 \cdot hm^{-2}$、成过熟林是-2.81~1.97 $m^2 \cdot hm^{-2}$。

7.2.3　气候变化对不同气候带落叶松人工林断面积的影响

为了研究落叶松对气候变化的响应与气候带分布的关系,与当前气候条件下的林分断面积相比,不同气候情景下各气候带林分断面积的差值以箱线图展示(图 7-5)。

如图 7-5 所示,与当前气候条件下的林分断面积相比,在未来气候情景下,寒温带(平均差值为-0.32 $m^2 \cdot hm^{-2}$)的落叶松人工林的林分断面积呈现减少的趋势,中温带(0.33 $m^2 \cdot hm^{-2}$)和暖温带(0.13 $m^2 \cdot hm^{-2}$)的林分断面积则表现出增加态势。另外,未来气候情景下不同气候带林分断面积的变化差异不大,仅中温带林分断面积的变化波动性略大,差值的变化范围是-2.34~1.97 $m^2 \cdot hm^{-2}$;寒温带和暖温带林分断面积变化较小,差值的变化范围分别是-2.81~0.58 $m^2 \cdot hm^{-2}$、-1.53~1.55 $m^2 \cdot hm^{-2}$。

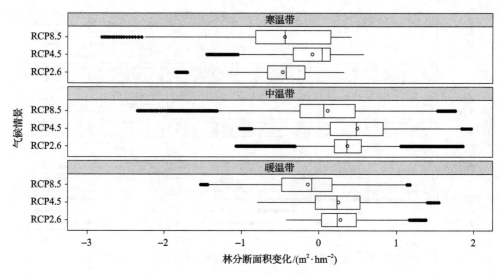

图 7-5　未来气候变化条件下 2010～2099 年各气候带林分断面积差值

7.3　小　　结

（1）建立了反映气候变化影响的林分断面积生长模型，并以此模拟未来气候变化对林分断面积的影响。

（2）与当前气候条件下的林分断面积相比，未来气候情景下气候变化先加速后阻滞了林分断面积的生长，三种气候情景下林分断面积的平均差值为 -0.40～0.70 $m^2 \cdot hm^{-2}$（-3.47%～4.96%），差值的变化范围为 -2.81～1.97 $m^2 \cdot hm^{-2}$（-11.20%～9.16%）。

（3）分省（自治区、直辖市）分析林分断面积对气候的响应时发现：各省（自治区、直辖市）之间表现出了明显的差异，与当前气候条件相比，总的来看，未来气候情景下仅内蒙古自治区（-0.01 $m^2 \cdot hm^{-2}$）的平均林分断面积差值为负，即林分断面积出现减少的状况，其余各省（自治区、直辖市）未来气候情景下的林分断面积均呈现增加的趋势，尤其以东北三省的增加幅度较大，分别为黑龙江省 0.41 $m^2 \cdot hm^{-2}$、吉林省 0.40 $m^2 \cdot hm^{-2}$、辽宁省 0.49 $m^2 \cdot hm^{-2}$，而北京市（0.03 $m^2 \cdot hm^{-2}$）、河北省（0.04 $m^2 \cdot hm^{-2}$）和山西省（0.20 $m^2 \cdot hm^{-2}$）的林分断面积增加的幅度较小。

（4）分龄组分析林分断面积对气候的响应时发现：与当前气候条件下的林分断面积相比，在未来气候情景下，各龄组的落叶松人工林的林分断面积都呈现增加的趋势，这说明气候变化对林分断面积生长的影响主要表现为促进作用，且各龄组的林分断面积对气候变化的响应波动程度随年龄增加而变大，幼龄林林分断面积差值的变化范围是 -0.08～1.80 $m^2 \cdot hm^{-2}$、中龄林是 -0.52～1.87 $m^2 \cdot hm^{-2}$、近熟林是$-1.86 \sim 0.64 \ \mathrm{m}^2 \cdot \mathrm{hm}^{-2}$、成过熟林是$-2.81 \sim 1.97 \ \mathrm{m}^2 \cdot \mathrm{hm}^{-2}$。

(5)分气候带分析林分断面积对气候的响应时发现：与当前气候条件下的林分断面积相比，在未来气候情景下，寒温带(平均差值为$-0.32 \ \mathrm{m}^2 \cdot \mathrm{hm}^{-2}$)的落叶松人工林的林分断面积呈现减少的趋势，中温带($0.33 \ \mathrm{m}^2 \cdot \mathrm{hm}^{-2}$)和暖温带($0.13 \ \mathrm{m}^2 \cdot \mathrm{hm}^{-2}$)的林分断面积则表现出增加态势。另外，未来气候情景下不同气候带林分断面积的变化差异不大，仅中温带林分断面积的变化波动性略大，差值的变化范围是$-2.34 \sim 1.97 \ \mathrm{m}^2 \cdot \mathrm{hm}^{-2}$；寒温带和暖温带林分断面积变化较小，差值的变化范围分别是$-2.81 \sim 0.58 \ \mathrm{m}^2 \cdot \mathrm{hm}^{-2}$、$-1.53 \sim 1.55 \ \mathrm{m}^2 \cdot \mathrm{hm}^{-2}$。

参 考 文 献

尚华明, 尹仔锋, 魏文寿, 等. 2015. 基于树木年轮宽度重建塔里木盆地西北缘水汽压变化. 中国沙漠, 35(5): 1283-1290.

Pienaar L V, Shiver B D. 1986. Basal area prediction and projection equations for pine plantations. Forest Science, 32: 626-633.

Ruiz-Benito P, Madrigal-González J, Ratcliffe S, et al. 2014. Stand structure and recent climate change constrain stand basal area change in European Forests: a comparison across boreal, temperate, and Mediterranean biomes. Ecosystems, 17: 1439-1454.

Tewari V P, Singh B. 2008. Potential density and basal area prediction equations for unthinned *Eucalyptus* hybrid plantations in the Gujarat state of India. Bioresource Technology, 99: 1642-1649.

Zhao L, Li C. 2013. Stand basal area model for *Cunninghamia lanceolata* (Lamb.) Hook. plantations based on a multilevel nonlinear mixed-effect model across south-eastern China. South Forests, 75(1): 41-50.

第8章 气候变化对落叶松人工林蓄积生长的影响

由于木材是森林主要的商品，所以林分蓄积量的估计是林业数学家的重要议题之一(Fonweban et al., 2012；West，2015)。而在全林生长收获模型中，林分蓄积量常作为主要的因变量(唐守正，1991；Huang et al., 2011)。分析森林生长对气候变化的响应有助于了解未来的木材产量(Huang et al., 2011)。本章采用混合效应模型和再参数化的方法构建了含气候因子的林分蓄积生长模型，模拟了未来气候变化和当前气候下林分蓄积量的差异，并分析了差异的时空变化。

8.1 模 型 建 立

8.1.1 基础模型

选用 Clutter(1963)的模型作为林分蓄积生长模型，模型形式为

$$V = \mathrm{e}^{\beta_0 + \frac{\beta_1}{t} + \beta_2 \mathrm{SI}} \mathrm{BA}^{\beta_3} + \varepsilon \tag{8.1}$$

式中，V、BA、t 分别为林分蓄积量、林分断面积、林分年龄；SI 为地位指数；β_0、β_1、β_2、β_3 为模型参数；ε 为误差项。

式(8.1)在 R 中的运行代码及输出结果如下：

```
> V1<-nls(V~ exp(β0+β1/t+β2*SI)*(BA^β3), data= GMD_normal, start=c(β0=
1.6872, β1= −11.2604, β2= 0.0731, β3= 0.9697))
>summary(V1)
```

Formula: V~ exp(β0+β1/t+β2*SI)*(BA^β3)

Parameters:

	Estimate	Std. Error	t value	Pr(>|t|)
β0	1.687160	0.054704	30.84	<2e-16 ***
β1	−11.260415	0.587208	−19.18	<2e-16 ***
β2	0.073121	0.002326	31.43	<2e-16 ***
β3	0.969705	0.014553	66.63	<2e-16 ***

Signif. codes: 0 '***' 0.001 '**' 0.01 '*' 0.05 '.' 0.1 ' ' 1

Residual standard error: 12.96 on 690 degrees of freedom

Number of iterations to convergence: 0

Achieved convergence tolerance: 6.032e-06

"V1"为临时对象，其中存储了式(8.1)的建模结果；"summary(V1)"能输出构建的模型的结果。

8.1.2　含气候因子的基础模型

为了分析气候变化对蓄积生长的影响，采用再参数化的方法建立气候敏感的林分蓄积生长模型，即将式(8.1)中的所有参数用含有气候变量的函数描述，最终的模型形式如下：

$$V = e^{\beta_0 + \frac{\beta_1}{t} + \beta_2 SI + \beta_4 CMD\_JJA} BA^{\beta_3} + \varepsilon \tag{8.2}$$

式中，CMD_JJA 为夏季的 Hargreaves 水汽亏缺；$\beta_0 \sim \beta_4$ 为模型参数；其他变量如上所述。

式(8.2)在 R 中的运行代码及输出结果如下：

>V11<-nls(V~exp(β0+β1/t+β2*SI+β4*CMD_JJA)*(BA^β3), data=GMD_normal, start=c(β0= 1.9617, β1= −10.9781, β2= 0.0574, β3= 0.9737, β4= −0.0019))

>summary(V11)

Formula: V~ exp(β0+β1/t+β2*SI+β4*CMD_JJA)*(BA^β3)

Parameters:

	Estimate	Std. Error	t value	Pr(>|t|)
β0	1.962e+00	5.987e-02	32.765	<2e-16 ***
β1	−1.098e+01	5.563e-01	−19.733	<2e-16 ***
β2	5.736e-02	2.876e-03	19.941	<2e-16 ***
β3	9.737e-01	1.380e-02	70.577	<2e-16 ***
β4	−1.890e-03	2.159e-04	−8.756	<2e-16 ***

Signif. codes:　0 '***' 0.001 '**' 0.01 '*' 0.05 '.' 0.1 ' ' 1

Residual standard error: 12.31 on 689 degrees of freedom

Number of iterations to convergence: 1

Achieved convergence tolerance: 2.191e-06

"V11"为临时对象，其中存储了式(8.2)的建模结果；"summary(V11)"能输出构建的模型的结果。

由表 8-1 可知，CMD_JJA 显著影响落叶松林分蓄积的生长。由表 8-2 可知，与式(8.1)相比，在考虑了气候变量之后，式(8.2)的评价指标均有提升，其中，R_a^2 提升了 0.64%，AIC 降低了 1.27%，MAB 降低了 4.37%，RMA 降低了 4.97%，

RMSE 降低了 5.07%，这也说明了气候对落叶松人工林林分蓄积量有一定的影响。

表 8-1　林分蓄积量生长模型的参数估计

模型	统计量	β_0	β_1	β_2	β_3	β_4	δ_0	δ_{00}	σ
式(8.1)	估计值	1.6872	−11.2604	0.0731	0.9697				12.9600
	标准差	0.0547	0.5872	0.0023	0.0146				
式(8.2)	估计值	1.9620	−10.9800	0.0574	0.9737	−0.0019			12.3100
	标准差	0.0599	0.5563	0.0029	0.0138	0.0002			
式(8.3)	估计值	1.2498	−10.2542	0.1157	0.9676	−0.0008	0.1149	0.1022	5.5899
	标准差	0.0977	0.5552	0.0074	0.0146	0.0004			

注：δ_0 和 δ_{00} 分别为 b_{0i} 和 b_{0ij} 的标准差，σ 为误差的标准差。

表 8-2　林分蓄积量生长模型的统计量

模型	R_a^2	AIC	MAB/$(m^3 \cdot hm^{-2})$	RMA	RMSE/$(m^3 \cdot hm^{-2})$
式(8.1)	0.9387	5530.9936	10.0212	0.1529	12.9193
式(8.2)	0.9447	5460.7116	9.5836	0.1453	12.2637
式(8.3)	0.9926	4951.8800	3.4265	0.0659	4.4679

8.1.3　含气候因子的混合效应模型

为了消除嵌套的数据结构带来的问题，针对式(8.2)添加了省水平和样地水平的随机效应参数，模型形式如下：

$$V_{ijk} = e^{\beta_0 + b_{0i} + b_{0ij} + \frac{\beta_1}{t_{ijk}} + \beta_2 \mathrm{SI}_{ij} + \beta_4 \mathrm{CMD\_JJA}_{ij}} \mathrm{BA}_{ijk}^{\beta_3} + \varepsilon_{ijk} \qquad (8.3)$$

式中，V_{ijk}、BA_{ijk}、t_{ijk} 分别为第 i 个省第 j 个样地第 k 次调查时的林分每公顷蓄积量、林分每公顷断面积、林分年龄；SI_{ij} 为第 i 个省第 j 个样地的地位指数；$\mathrm{CMD\_JJA}_{ij}$ 为第 i 个省第 j 个样地的 Hargreaves 水汽亏缺；b_{0i} 为省水平的随机效应参数，且 $b_{0i} \sim N(0, \psi_1)$，ψ_1 为省水平随机效应参数的方差协方差矩阵；b_{0ij} 为样地水平的随机效应参数，且 $b_{0ij} \sim N(0, \psi_2)$，$\psi_2$ 为样地水平随机效应参数的方差协方差矩阵；ε_{ijk} 为误差项，且 $\varepsilon_{ijk} \sim N(0, R_{ij})$，$R_{ij}$ 为第 i 个省第 j 个样地内的方差协方差矩阵；β_0、β_1、β_2、β_3、β_4 为模型参数。

由图 8-1 可以看出，式(8.3)没有明显的异方差现象，因此不考虑对式(8.3)做异方差处理，即 $R_{ij} = \sigma^2 I$。

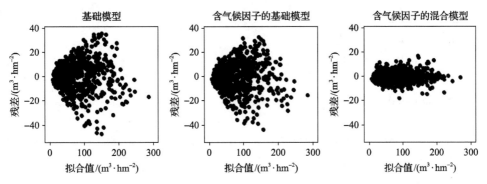

图 8-1　林分蓄积生长模型的残差图

式(8.3)在 R 中的运行代码及输出结果如下:

>V11m<-nlme(V~exp(β0+β1/t+β2*SI+β4*CMD_JJA)*(BA^β3), data= GMD_normal, fixed=β0+β1+β2+β3+β4~1, random=list(province=(β0~1), subplot= (β0~1)), start=c(β0= 1.9617, β1= −10.9781, β2= 0.0574, β3= 0.9737, β4= −0.0019))

>summary(V11m)

Nonlinear mixed-effects model fit by maximum likelihood

　Model: V~ exp(β0+β1/t+β2*SI+β4*CMD_JJA)*(BA^β3)

　Data: GMD_normal

	AIC	BIC	logLik
	4951.88	4988.22	−2467.94

Random effects:

　Formula: β0 ~ 1 | province

	β0
StdDev:	0.1149181

　Formula: β0 ~ 1 | subplot %in% province

	β0	Residual
StdDev:	0.1021615	5.589894

Fixed effects: β0 +β1+β2+β3 +β4 ~ 1

	Value	Std.Error	DF	t-value	p-value
b1	1.249774	0.0976840	320	12.79405	0.0000
b2	−10.254202	0.5552352	320	−18.46821	0.0000
b3	0.115690	0.0074222	320	15.58705	0.0000
b4	0.967615	0.0146446	320	66.07310	0.0000
c1	−0.000778	0.0003883	320	−2.00268	0.0461

　Correlation:

	β0	β1	β2	β3

β1　　−0.232

β2　　−0.661　　−0.181

β3　　−0.245　　0.445　　−0.323

β4　　−0.529　　−0.016　　0.276　　0.034

Standardized Within-Group Residuals:

Min	Q1	Med	Q3	Max
−3.25599508	−0.56918674	−0.06538754	0.44055825	2.99690266

Number of Observations: 694

Number of Groups:

　　　　　　province subplot %in% province

　　　　　　　7　　　　　　370

　　"V11m" 为临时对象，其中存储了式(8.3)的建模结果；"summary(V11m)" 能输出构建的模型的结果。

　　各省(自治区、直辖市)随机效应估计值的获取代码及输出结果如下：

> random.effects(V11m) $province

　　　　　　　　β0

北京市　　　　0.009781551

河北省　　　　0.158630191

黑龙江省　　　−0.145124977

吉林省　　　　0.130639212

辽宁省　　　　−0.144863210

内蒙古自治区　0.039253255

山西省　　　　−0.048316021

　　黑龙江省、辽宁省和山西省的随机效应参数估计值小于 0，而北京市、河北省、吉林省和内蒙古自治区的随机效应估计值大于 0，这意味着在年龄、气候、立地条件及株数均相同的情况下，黑龙江省、辽宁省和山西省的林分蓄积量低于其他省(自治区、直辖市)。

　　由表 8-2 可以看出，混合效应模型可以显著提升林分蓄积生长模型的精度。如表 8-2 所示，与式(8.2)相比，式(8.3)的 R_a^2 提高了 5.07%，AIC 降低了 9.32%，MAB 减小了 64.25%，RMA 降低了 54.64%，RMSE 降低了 63.57%。因此，采用式(8.3)可以预测未来气候情景下东北华北区域落叶松人工林林分蓄积生长的变化。

8.2　气候影响模拟

　　基于预测林分蓄积量对未来气候变化响应的目的，以第六期的林分数据作为期初状态,选取气候敏感的林分蓄积生长模型预测未来(2010～2099 年)气候变化下落叶松人工林林分蓄积量的变化情况，由于在预测未来各年度的林分蓄积量时，要求各年度的林分断面积为已知，故采用第七章构建的含气候因子的林分断面积模型预测未来各年度的林分断面积，进而采用式(8.3)预估出未来各年度的林分蓄积量。

由表 8-3、表 8-4 可知，与当前气候相比，未来气候情景下，夏季的 Hargreaves 水汽亏缺呈现减少的态势，而林分蓄积量则整体上呈现增加的态势，即气候变化加速了林分蓄积生长，三种气候情景下林分蓄积量的平均差值为 $-0.16 \sim 10.77 \ \mathrm{m^3 \cdot hm^{-2}}$ （$-0.16\% \sim 8.79\%$），差值的变化范围为 $-16.96 \sim 34.50 \ \mathrm{m^3 \cdot hm^{-2}}$（$-8.82\% \sim 14.13\%$）。

表 8-3　不同气候情景下 CMD_JJA 的变化

时间段	气候情景	CMD_JJA				CMD_JJA 的差值		
		平均值	标准差	最大值	最小值	平均值	最大值	最小值
2010~2039 年	Current	75.30	31.06	155.70	18.66	0.00	0.00	0.00
	RCP2.6	42.82	39.86	162.00	0.00	−32.48	14.44	−70.20
	RCP4.5	33.89	35.83	144.00	0.00	−41.41	−3.56	−68.96
	RCP8.5	35.82	34.21	142.00	0.00	−39.48	−3.19	−67.96
2040~2069 年	Current	75.30	31.06	155.70	18.66	0.00	0.00	0.00
	RCP2.6	38.29	33.60	150.00	0.00	−37.02	−5.70	−67.20
	RCP4.5	27.56	28.19	122.00	0.00	−47.74	−18.66	−78.96
	RCP8.5	49.07	35.19	160.00	0.00	−26.24	8.44	−74.16
2070~2099 年	Current	75.30	31.06	155.70	18.66	0.00	0.00	0.00
	RCP2.6	38.82	38.84	162.00	0.00	−36.48	14.91	−65.96
	RCP4.5	33.08	36.52	144.00	0.00	−42.22	−3.56	−81.96
	RCP8.5	33.68	32.44	135.00	0.00	−41.62	−12.56	−68.87

表 8-4　不同气候情景下林分蓄积量的变化

时间段	气候情景	林分蓄积量/($\mathrm{m^3 \cdot hm^{-2}}$)				林分蓄积量的差值/($\mathrm{m^3 \cdot hm^{-2}}$)		
		平均值	标准差	最大值	最小值	平均值	最大值	最小值
2010~2039 年	Current	116.55	60.71	398.06	6.33	0.00	0.00	0.00
	RCP2.6	122.93	64.26	425.84	6.78	6.38	28.58	−7.69
	RCP4.5	126.15	65.68	424.14	7.03	9.60	32.17	0.32
	RCP8.5	125.52	65.23	420.51	7.05	8.97	29.47	0.12
2040~2069 年	Current	122.59	55.38	394.75	21.44	0.00	0.00	0.00
	RCP2.6	129.67	58.41	419.96	23.43	7.08	25.21	−4.38
	RCP4.5	133.36	59.72	429.25	24.01	10.77	34.50	1.53
	RCP8.5	125.04	56.21	407.25	22.72	2.45	14.73	−11.95
2070~2099 年	Current	102.51	45.15	295.41	17.12	0.00	0.00	0.00
	RCP2.6	107.48	47.01	313.39	18.52	4.97	19.30	−13.30
	RCP4.5	105.93	46.33	306.99	18.44	3.42	18.48	−5.69
	RCP8.5	102.35	44.64	295.82	17.49	−0.16	8.95	−16.96

8.2.1 气候变化对不同省(自治区、直辖市)落叶松人工林蓄积生长的影响

为了研究落叶松对气候变化响应的空间差异,不同气候情景下各省(自治区、直辖市)林分蓄积的平均变化情况以曲线图的形式展示(图 8-2)。

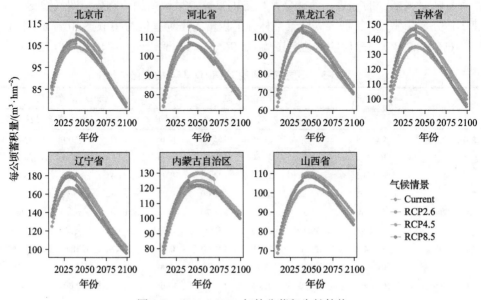

图 8-2 2010~2099 年林分蓄积生长趋势

如图 8-2 所示,总的来看,各省(自治区、直辖市)未来气候情景下林分蓄积量均高于当前气候条件,这意味着从总体来看,气候变化会加速林分蓄积生长。

为了进一步分析落叶松人工林林分蓄积对未来气候变化的响应,与当前气候条件下的林分蓄积量相比,不同气候情景下各省(自治区、直辖市)林分蓄积量的差值以箱线图展示(图 8-3)。

总的来说,与当前气候相比,未来气候情景下各省(自治区、直辖市)的平均蓄积差值均为正,即林分蓄积量出现增加的状况,其中,东北三省的增加幅度较大,黑龙江省、吉林省、辽宁省的林分蓄积量分别增加 6.92 $m^3 \cdot hm^{-2}$、7.55 $m^3 \cdot hm^{-2}$、9.13 $m^3 \cdot hm^{-2}$,而北京市(2.92 $m^3 \cdot hm^{-2}$)、河北省(2.22 $m^3 \cdot hm^{-2}$)、内蒙古自治区(2.38 $m^3 \cdot hm^{-2}$)和山西省(3.81 $m^3 \cdot hm^{-2}$)的增加幅度相对较小。另外,除山西省外,各省(自治区、直辖市)的林分蓄积量差值变动较大,北京市的林分蓄积量差值的变化范围是 -4.12~19.62 $m^3 \cdot hm^{-2}$、河北省是 -8.83~21.87 $m^3 \cdot hm^{-2}$、黑龙江省是 -3.35~23.41 $m^3 \cdot hm^{-2}$、吉林省是 -11.56~27.12 $m^3 \cdot hm^{-2}$、辽宁省是 -4.75~34.50 $m^3 \cdot hm^{-2}$、内蒙古自治区是 -16.96~19.32 $m^3 \cdot hm^{-2}$、山西省是 -10.02~14.63 $m^3 \cdot hm^{-2}$,说明了各省(自治区、直辖市)落叶松人工林的林分蓄积量对气候变化的响应有着较大的波动性。

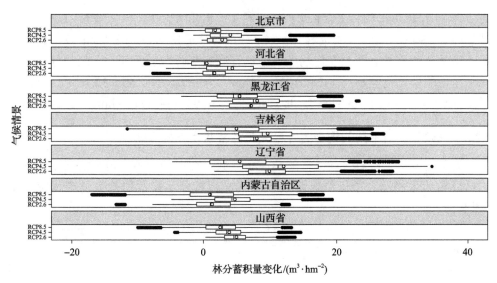

图 8-3　未来气候变化下 2010～2099 年各省（自治区、直辖市）林分蓄积量差值

8.2.2　气候变化对不同龄组落叶松人工林蓄积生长的影响

与当前气候条件下的林分蓄积量相比，不同气候情景下各龄组林分蓄积量的差值如图 8-4 所示。

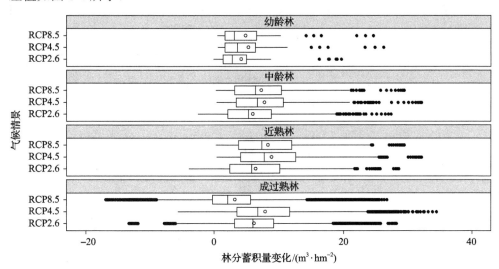

图 8-4　未来气候变化下 2010～2099 年各龄组林分蓄积量差值

与当前气候条件下的林分蓄积量相比，在未来气候情景下，各龄组落叶松人工林的蓄积量都呈现增加的趋势，这说明气候变化对林分蓄积生长的影响主要表现

为促进作用,不同龄组林分蓄积量的平均差值大小顺序为幼龄林(4.77 m³·hm⁻²)＜成过熟林(5.73 m³·hm⁻²)＜中龄林(6.95 m³·hm⁻²)＜近熟林(7.83 m³·hm⁻²)。此外,各龄组林分蓄积量对气候变化的响应波动程度随年龄增加而变大,幼龄林林分蓄积量差值的变化范围是–0.13～26.21 m³·hm⁻²、中龄林是–2.53～32.16 m³·hm⁻²、近熟林是–3.96～32.17 m³·hm⁻²,成过熟林是–16.96～34.50 m³·hm⁻²。

8.2.3　气候变化对不同气候带落叶松人工林蓄积生长的影响

为了研究落叶松对气候变化的响应与气候带分布的关系,与当前气候条件下的林分蓄积量相比,不同气候情景下各气候带林分蓄积量的差值以箱线图展示(图 8-5)。

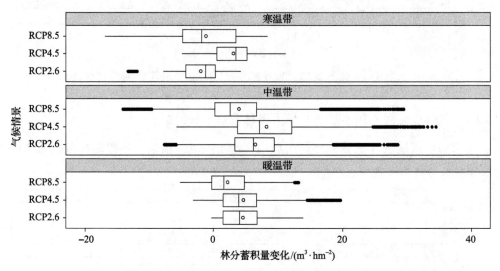

图 8-5　未来气候变化下 2010～2099 年各气候带林分蓄积量差值

如图 8-5 所示,与当前气候条件下的林分蓄积相比,在未来气候情景下,各气候带的林分蓄积均呈现增加的趋势,其中,中温带增加的幅度最大(平均差值为 6.29 m³·hm⁻²),而寒温带(平均差值为 0.07 m³·hm⁻²)和暖温带(平均差值为 3.90 m³·hm⁻²)增加的幅度相对较小。另外,未来气候情景下不同气候带林分蓄积的变化差异较大,中温带林分蓄积的变化幅度最大,差值的变化范围是–14.12～34.50 m³·hm⁻²;寒温带和暖温带林分蓄积变化较小,差值的变化范围分别是–16.96～11.23 m³·hm⁻²、–5.16～19.62 m³·hm⁻²。

8.3　小　　结

(1)建立了反映气候变化影响的林分蓄积生长模型,并以此模拟未来气候变化对林分蓄积生长的影响。

(2) 与当前气候条件下的林分蓄积量相比，未来气候情景下气候变化加速了林分的蓄积生长，三种气候情景下林分蓄积量的平均差值为$-0.16 \sim 10.77$ $m^3 \cdot hm^{-2}$ ($-0.16\% \sim 8.79\%$)，差值的变化范围为$-16.96 \sim 34.50$ $m^3 \cdot hm^{-2}$ ($-8.82\% \sim 14.13\%$)。

(3) 分省(自治区、直辖市)分析林分蓄积量对气候的响应时发现：未来气候情景下各省(自治区、直辖市)的平均蓄积量差值均为正，即林分蓄积量出现增加的状况，其中，东北三省的增加幅度较大，黑龙江省、吉林省、辽宁省的平均蓄积量分别增加6.92 $m^3 \cdot hm^{-2}$、7.55 $m^3 \cdot hm^{-2}$、9.13 $m^3 \cdot hm^{-2}$，而北京市(2.92 $m^3 \cdot hm^{-2}$)、河北省(2.22 $m^3 \cdot hm^{-2}$)、内蒙古自治区(2.38 $m^3 \cdot hm^{-2}$)和山西省(3.81 $m^3 \cdot hm^{-2}$)的增加幅度相对较小。

(4) 分龄组分析林分蓄积量对气候的响应时发现：与当前气候条件下的林分蓄积量相比，在未来气候情景下，各龄组的落叶松人工林的蓄积量都呈现增加的趋势，这说明气候变化对林分蓄积生长的影响主要表现为促进作用，不同龄组林分蓄积量的平均差值大小顺序为幼龄林(4.77 $m^3 \cdot hm^{-2}$)＜成过熟林(5.73 $m^3 \cdot hm^{-2}$)＜中龄林(6.95 $m^3 \cdot hm^{-2}$)＜近熟林(7.83 $m^3 \cdot hm^{-2}$)。此外，各龄组的林分蓄积量对气候变化的响应波动程度随年龄增加而变大，幼龄林林分蓄积量差值的变化范围是$-0.13 \sim 26.21$ $m^3 \cdot hm^{-2}$、中龄林是$-2.53 \sim 32.16$ $m^3 \cdot hm^{-2}$、近熟林是$-3.96 \sim 32.17$ $m^3 \cdot hm^{-2}$、成过熟林是$-16.96 \sim 34.50$ $m^3 \cdot hm^{-2}$。

(5) 分气候带分析林分蓄积量对气候的响应时发现：与当前气候条件下的林分蓄积量相比，在未来气候情景下，各气候带的林分蓄积量均呈现增加的趋势，其中，中温带(平均差值为6.29 $m^3 \cdot hm^{-2}$)增加的幅度最大，而寒温带(平均差值为0.07 $m^3 \cdot hm^{-2}$)和暖温带(平均差值为3.90 $m^3 \cdot hm^{-2}$)增加的幅度相对较小。另外，未来气候情景下不同气候带林分蓄积量的变化差异较大，中温带林分蓄积量的变化幅度最大，差值的变化范围是$-14.12 \sim 34.50$ $m^3 \cdot hm^{-2}$；寒温带和暖温带林分蓄积量变化较小，差值的变化范围分别是$-16.96 \sim 11.23$ $m^3 \cdot hm^{-2}$、$-5.16 \sim 19.62$ $m^3 \cdot hm^{-2}$。

参 考 文 献

唐守正. 1991. 广西大青山马尾松全林整体生长模型及其应用. 林业科学研究, 4(增刊): 8-13.

Clutter J L. 1963. Compatible growth and yield models for loblolly pine. Forest Science, 9(3): 354-371.

Fonweban J, Gardiner B, Auty D. 2012. Variable-top merchantable volume equations for Scots pine (*Pinus sylvestris*) and Sitka spruce [*Picea sitchensis* (Bong.) Carr.] in Northern Britain. Forestry, 85(2): 237-253.

Huang J, Abt B, Kindermann G, et al. 2011. Empirical analysis of climate change impact on loblolly pine plantations in the southern United States. Natural Resource Modeling, 24(4): 445-476.

West P W. 2015. Tree and forest measurement. 3rd. Berlin: Springer: 25.

第9章　气候变化对落叶松人工林生物量的影响

森林生物量不仅是衡量森林生态系统的结构功能、森林生物质能源的重要指标(Poudel et al., 2011)，还有助于理解森林健康，生态系统的碳、水和能源的循环(Dong et al., 2015)。一些学者已经开始研究气候变化对森林生物量的驱动作用。Kirilenko 和 Sedjo(2007)研究发现，在未来的 100 年里气候变化将促使北欧森林的生物量增加 10%～30%。Eggers 等(2008)研究认为，气候变化对森林有着强大的驱动作用，在未来的 50 年里，欧洲森林的生产力将提高 12%～14%，碳储量将增加 23%～31%。Poudel 等(2011)研究发现，在未来的 100 年里，气候变化将促使瑞典中北部森林的生物量增加 49%。

本章采用混合效应模型和再参数化的方法，构建了含气候因子的林分生物量模型，计算了受气候影响的林分生物量的差异，并分析了差异的时空变化。

9.1　模　型　建　立

9.1.1　基础模型

根据金钟跃等(2010)的研究显示，地位指数、林分密度和林分年龄对落叶松人工林林分生物量有着显著影响,本章在 Schumacher 方程的基础上采用再参数化的方法构建了包含地位指数、林分断面积和林分年龄的落叶松人工林林分生物量生长模型，其模型形式为

$$B = \mathrm{e}^{\beta_0 + \frac{\beta_1}{t}} \mathrm{SI}^{\beta_2} \mathrm{BA}^{\beta_3} + \varepsilon \tag{9.1}$$

式中，B、BA、t 分别为包括地上部分和地下部分的林分生物量、林分断面积、林分年龄；SI 为地位指数；β_0、β_1、β_2、β_3 为模型参数；ε 为误差项。

式(9.1)在 R 中的运行代码及输出结果如下：

>B1<-nls(B~exp(β0+β1/t)*(SI^β2)*(BA^β3), data=GMD_normal, start=c(β0= 0.8833, β1= −7.8639, β2= 0.5795, β3= 0.9680)）

>summary(B1)

Formula: B~ exp(β0+β1/t)*(SI^β2)*(BA^β3)

Parameters:

	Estimate	Std. Error	t value	Pr (>|t|)
β0	0.883266	0.046726	18.90	<2e-16 ***
β1	−7.863930	0.368722	−21.33	<2e-16 ***
β2	0.579535	0.015681	36.96	<2e-16 ***
β3	0.968035	0.009106	106.31	<2e-16 ***

Signif. codes:　0 '***' 0.001 '**' 0.01 '*' 0.05 '.' 0.1 ' ' 1

Residual standard error: 7.348 on 690 degrees of freedom

Number of iterations to convergence: 1

Achieved convergence tolerance: 1.726e-07

"B1"为临时对象，其中存储了式（9.1）的建模结果；"summary（B1）"能输出构建的模型的结果。

9.1.2　含气候因子的基础模型

为了分析气候变化对生物量生长的影响，采用再参数化的方法建立气候敏感的林分生物量生长模型，即将式（9.1）中的所有参数用含有气候变量的函数描述，最终的模型形式如下：

$$B = e^{\beta_0+\frac{\beta_1}{t}+\beta_4 \mathrm{CMD\_JJA}+\beta_5 \mathrm{CMD\_SON}} \mathrm{SI}^{\beta_2}\mathrm{BA}^{\beta_3} + \varepsilon \tag{9.2}$$

式中，CMD_JJA 和 CMD_SON 分别为夏季和秋季的 Hargreaves 水汽亏缺；$\beta_0 \sim \beta_5$ 为模型参数；其他变量如上所述。

式（9.2）在 R 中的运行代码及输出结果如下：

>B11<-nls（B~exp（β0+β1/t+β4*CMD_JJA+β5*CMD_SON）*（SI^β2）*（BA^β3），data=GMD_normal，start=c（β0=1.0249，β1=−8.0716，β2=0.5562，β3=0.9639，β4=0.0004，β5=−0.0026））

>summary（B11）

Formula: B~ exp（β0+β1/t+β4*CMD_JJA+β5*CMD_SON）*（SI^β2）*（BA^β3）

Parameters:

	Estimate	Std. Error	t value	Pr (>|t|)
β0	1.0249104	0.0634014	16.165	< 2e-16 ***
β1	−8.0716011	0.3532751	−22.848	< 2e-16 ***
β2	0.5562478	0.0205851	27.022	< 2e-16 ***
β3	0.9639097	0.0086885	110.941	< 2e-16 ***
β4	0.0004290	0.0001442	2.976	0.00303 **
β5	−0.0026105	0.0003115	−8.380	2.97e-16 ***

Signif. codes:　 0 '***' 0.001 '**' 0.01 '*' 0.05 '.' 0.1 ' ' 1
Residual standard error: 6.994 on 688 degrees of freedom
Number of iterations to convergence: 1
Achieved convergence tolerance: 2.581e-07

"B11"为临时对象，其中存储了式(9.2)的建模结果；"summary（B11）"能输出构建的模型的结果。

由表 9-1 可知，CMD_JJA 和 CMD_SON 显著影响落叶松林分生物量的生长。由表 9-2 可知，与式(9.1)相比，在考虑了气候变量之后，式(9.2)的评价指标均有提升，其中，R_a^2 提升了 0.27%，AIC 降低了 1.40%，MAB 降低了 4.78%，RMA 降低了 3.96%，RMSE 降低了 4.95%，这也说明了气候对落叶松人工林林分生物量生长有一定的影响。

表 9-1　林分生物量模型的参数估计

模型	统计量	β_0	β_1	β_2	β_3	β_4	β_5	δ_0	δ_{00}	σ
式(9.1)	估计值	0.8833	−7.8639	0.5795	0.9680					7.3480
	标准差	0.0467	0.3687	0.0157	0.0091					
式(9.2)	估计值	1.0249	−8.0716	0.5562	0.9639	0.0004	−0.0026			6.9940
	标准差	0.0634	0.3533	0.0206	0.0087	0.0001	0.0003			
式(9.3)	估计值	0.3356	−8.6801	0.8569	0.9676	0.0007	−0.0031	0.0776	0.0525	3.3898
	标准差	0.1041	0.3294	0.0428	0.0087	0.0003	0.0005			

注：δ_0 和 δ_{00} 分别为 b_{0i} 和 b_{0ij} 的标准差，σ 为误差的标准差。

表 9-2　林分生物量模型的统计量

模型	R_a^2	AIC	MAB/$(t \cdot hm^{-2})$	RMA	RMSE/$(t \cdot hm^{-2})$
式(9.1)	0.9721	4743.7586	5.6760	0.0984	7.3269
式(9.2)	0.9747	4677.2480	5.4047	0.0945	6.9640
式(9.3)	0.9959	4138.5140	2.1582	0.0462	2.7938

9.1.3　含气候因子的混合效应模型

为了消除嵌套的数据结构带来的问题，针对式(9.2)添加了省水平和样地水平的随机效应参数，模型形式如下：

$$B_{ijk} = e^{\beta_0 + b_{0i} + b_{0ij} + \frac{\beta_1}{t_{ijk}} + \beta_4 CMD\_JJA_{ij} + \beta_5 CMD\_SON_{ij}} SI_{ij}^{\beta_2} BA_{ijk}^{\beta_3} + \varepsilon_{ijk} \tag{9.3}$$

式中，B_{ijk}、BA_{ijk}、t_{ijk} 分别为第 i 个省第 j 个样地第 k 次调查时的林分生物量（地上部分和地下部分)、林分每公顷断面积、林分年龄;SI_{ij} 为第 i 个省第 j 个样地的地位指数;CMD_JJA 和 CMD_SON 为第 i 个省第 j 个样地夏季和秋季的 Hargreaves 水汽亏缺;b_{0i} 为省水平的随机效应参数,且 $b_{0i} \sim N(0,\psi_1)$,ψ_1 为省水平随机效应参数的方差协方差矩阵;b_{0ij} 为样地水平的随机效应参数,且 $b_{0ij} \sim N(0,\psi_2)$,ψ_2 为样地水平随机效应参数的方差协方差矩阵;ε_{ijk} 为误差项,且 $\varepsilon_{ijk} \sim N(0,\ \boldsymbol{R}_{ij})$,$\boldsymbol{R}_{ij}$ 为第 i 个省第 j 个样地内的方差协方差矩阵;β_0、β_1、β_2、β_3、β_4、β_5 为模型参数。

由图 9-1 可以看出,式(9.3)没有明显的异方差现象,因此不考虑对式(9.3)做异方差处理,即 $\boldsymbol{R}_{ij} = \sigma^2 \boldsymbol{I}$ 。

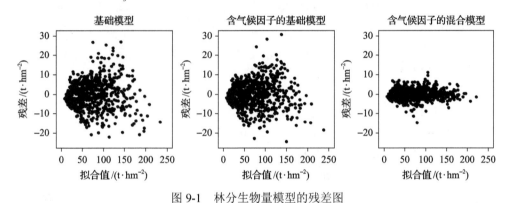

图 9-1　林分生物量模型的残差图

式(9.3)在 R 中的运行代码及输出结果如下:

```
>B11m<-nlme(B~exp(β0+β1/t+β4*CMD_JJA+β5*CMD_SON)*(SI^β2)*(BA^β3), data=GMD_normal, fixed=β0+β1+β2+β3+β4+β5~1, random=list(province=(β0~1), subplot=(β0~1)), start=c(β0=1.0249, β1=-8.0716, β2=0.5562, β3=0.9640, β4=0.0004, β5=-0.0026))
>summary(B11m)
Nonlinear mixed-effects model fit by maximum likelihood
    Model: B~ exp(β0+β1/t+β4*CMD_JJA+β5*CMD_SON)*(SI^β2)*(BA^β3)
    Data: GMD_normal
        AIC          BIC          logLik
        4138.514     4179.396     -2060.257
Random effects:
    Formula: β0 ~ 1 | province
            β0
StdDev: 0.07764302
    Formula: β0 ~ 1 | subplot %in% province
            β0                    Residual
```

StdDev: 0.05247765   3.389844

Fixed effects: $\beta 0 + \beta 1 + \beta 2 + \beta 3 + \beta 4 + \beta 5 \sim 1$

	Value	Std.Error	DF	t-value	p-value
$\beta 0$	0.335605	0.1041306	319	3.22292	0.0014
$\beta 1$	−8.680078	0.3293760	319	−26.35310	0.0000
$\beta 2$	0.856938	0.0427552	319	20.04286	0.0000
$\beta 3$	0.967639	0.0086721	319	111.58056	0.0000
$\beta 4$	0.000735	0.0002563	319	2.86934	0.0044
$\beta 5$	−0.003107	0.0004930	319	−6.30285	0.0000

Correlation:

	$\beta 0$	$\beta 1$	$\beta 2$	$\beta 3$	$\beta 4$
$\beta 1$	−0.043				
$\beta 2$	−0.893	−0.173			
$\beta 3$	0.012	0.435	−0.316		
$\beta 4$	−0.229	−0.040	0.171	−0.055	
$\beta 5$	−0.238	0.036	0.122	0.137	−0.545

Standardized Within-Group Residuals:

Min	Q1	Med	Q3	Max
−4.33356648	−0.58322762	−0.05364764	0.48356190	3.27482346

Number of Observations: 694

Number of Groups:

        province subplot %in% province

        7   370

  "B11m"为临时对象，其中存储了式(9.3)的建模结果；"summary(B11m)"能输出构建的模型的结果。

  各省(自治区、直辖市)随机效应估计值的获取代码及输出结果如下：

> random.effects(B11m)$province

	$\beta 0$
北京市	0.01209061
河北省	0.03688671
黑龙江省	−0.05211566
吉林省	0.05433814
辽宁省	−0.10062070
内蒙古自治区	0.13049796
山西省	−0.08107707

黑龙江省、辽宁省和山西省的随机效应参数估计值小于 0，而北京市、河北省、吉林省和内蒙古自治区的随机效应估计值大于 0，这意味着在年龄、气候、立地条件及株数均相同的情况下，黑龙江省、辽宁省和山西省的林分蓄积低于其他省(自治区、直辖市)。

由表 9-2 可以看出，混合效应模型可以显著提升林分生物量模型的精度。如表 9-2 所示，与式(9.2)相比，式(9.3)的 R_a^2 提高了 2.17%，AIC 降低了 11.52%，MAB 减小了 60.07%，RMA 降低了 51.11%，RMSE 降低了 59.88%，因此采用式(9.3)预测未来气候情景下东北、华北区域落叶松人工林林分生物量的生长变化。

9.2　气候影响模拟

基于预测林分生物量对未来气候变化响应的目的，以第六期的林分数据作为期初状态，选取气候敏感的林分生物量模型预测未来(2010~2099 年)气候变化下落叶松人工林林分生物量的变化情况，由于在预测未来各年度的林分生物量时，要求各年度林分断面积为已知，故采用第七章构建的含气候因子的林分断面积模型预测未来各年度的林分断面积，进而采用式(9.3)预估出未来各年度的林分生物量。

未来气候情景下的夏季和秋季的 CMD 分别在第八章和第四章有描述，这里不再重复介绍。由表 9-3 可知，与当前气候相比，未来气候情景下，林分生物量整体上呈现增加的态势，即气候变化加速了林分生物量的增长，三种气候情景下林分生物量的平均差值为 -2.39~9.99 $t \cdot hm^{-2}$ (-2.65%~9.30%)，差值的变化范围为 -25.98~33.48 $t \cdot hm^{-2}$ (-17.82%~18.77%)。

表 9-3　不同气候情景下林分生物量的变化

时间段	气候情景	林分生物量/($t \cdot hm^{-2}$)				林分生物量的差值/($t \cdot hm^{-2}$)		
		平均值	标准差	最大值	最小值	平均值	最大值	最小值
2010~2039 年	Current	103.04	50.18	308.52	5.73	0.00	0.00	0.00
	RCP2.6	106.23	52.77	333.53	5.92	3.19	27.36	-11.34
	RCP4.5	110.27	54.24	331.14	6.45	7.23	30.30	-13.95
	RCP8.5	111.27	54.98	337.08	6.53	8.23	33.14	-13.97
2040~2069 年	Current	107.44	46.42	304.84	21.68	0.00	0.00	0.00
	RCP2.6	113.71	49.22	329.65	22.74	6.26	27.27	-15.10
	RCP4.5	117.43	50.31	337.99	23.57	9.99	33.48	-13.44
	RCP8.5	110.12	48.06	332.07	21.65	2.67	27.23	-21.00
2070~2099 年	Current	89.65	38.77	247.48	15.67	0.00	0.00	0.00
	RCP2.6	93.46	40.00	241.40	16.11	3.81	17.54	-18.48
	RCP4.5	90.21	39.06	245.32	15.13	0.56	20.57	-23.67
	RCP8.5	87.26	38.11	231.43	15.07	-2.39	11.30	-25.98

9.2.1 气候变化对不同省（自治区、直辖市）落叶松人工林生物量的影响

为了研究落叶松对气候变化响应的空间差异，不同气候情景下各省（自治区、直辖市）林分生物量的平均变化情况以曲线图的形式展示（图 9-2）。

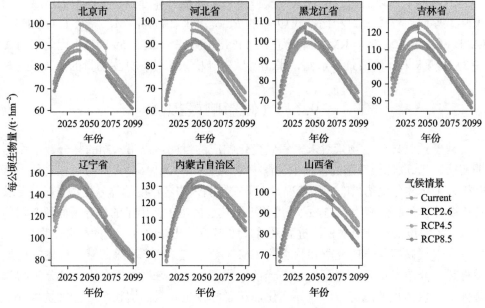

图 9-2 2010～2099 年林分生物量的趋势图

如图 9-2 所示，总的来看，未来气候情景下，东北三省和山西省的林分生物量高于当前气候条件，而在北京市、河北省和内蒙古自治区，不同气候情景的结果并不一致。

为了进一步分析落叶松人工林林分生物量对未来气候变化的响应，与当前气候条件下的林分生物量相比，不同气候情景下各省（自治区、直辖市）林分生物量的差值以箱线图展示（图 9-3）。

总的来说，与当前气候相比，未来气候情景下，仅北京市（$-1.13\ \mathrm{t \cdot hm^{-2}}$）和内蒙古自治区（$-1.80\ \mathrm{t \cdot hm^{-2}}$）的平均生物量差值为负，而河北省（$0.44\ \mathrm{t \cdot hm^{-2}}$）、黑龙江省（$4.11\ \mathrm{t \cdot hm^{-2}}$）、吉林省（$6.01\ \mathrm{t \cdot hm^{-2}}$）、辽宁省（$10.21\ \mathrm{t \cdot hm^{-2}}$）和山西省（$4.09\ \mathrm{t \cdot hm^{-2}}$）均为正。另外，各省（自治区、直辖市）的林分每年生物量差值变动较大，北京市的林分生物量差值的变化范围是$-13.97\sim20.75\ \mathrm{t \cdot hm^{-2}}$、河北省是$-17.75\sim20.06\ \mathrm{t \cdot hm^{-2}}$、黑龙江省是$-7.61\sim21.99\ \mathrm{t \cdot hm^{-2}}$、吉林省是$-16.55\sim30.76\ \mathrm{t \cdot hm^{-2}}$、辽宁省是$-3.72\sim33.15\ \mathrm{t \cdot hm^{-2}}$、内蒙古自治区是$-25.98\sim33.48\ \mathrm{t \cdot hm^{-2}}$、山西省是$-17.09\sim22.18\ \mathrm{t \cdot hm^{-2}}$，说明了各省（自治区、直辖市）落叶松人工林的林分生物量对气候变化的响应有着较大的波动性。

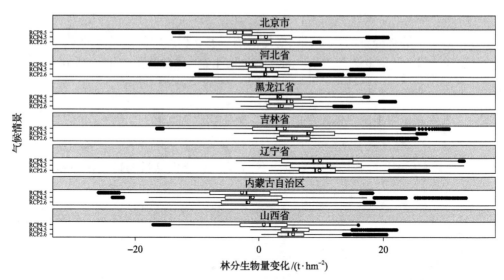

图 9-3　未来气候变化下 2010～2099 年各省（自治区、直辖市）林分生物量差值

9.2.2　气候变化对不同龄组落叶松人工林生物量的影响

与当前气候条件下的林分生物量相比，不同气候情景下各龄组林分生物量的差值如图 9-4 所示。

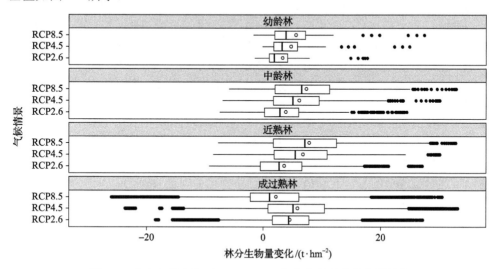

图 9-4　未来气候变化下 2010～2099 年各龄组林分生物量差值

与当前气候条件下的林分生物量相比，在未来气候情景下，各龄组的落叶松人工林的生物量都呈现增加的趋势，这说明气候变化对林分生物量生长的影响主要表现为促进作用，不同龄组林分生物量的平均差值大小顺序为成过熟林

（4.18 t·hm^{-2}）＜幼龄林（4.55 t·hm^{-2}）＜中龄林（5.79 t·hm^{-2}）＜近熟林（6.06 t·hm^{-2}）。此外，各龄组的林分生物量对气候变化的响应波动程度随年龄增加而变大，幼龄林林分生物量差值的变化范围是–1.68～27.62 t·hm^{-2}、中龄林是–7.42～33.14 t·hm^{-2}、近熟林是–9.26～33.11 t·hm^{-2}，成过熟林是–25.98～33.48 t·hm^{-2}。

9.2.3　气候变化对不同气候带落叶松人工林生物量的影响

为了研究落叶松对气候变化的响应与气候带分布的关系，与当前气候条件下的林分生物量相比，不同气候情景下各气候带林分生物量的差值以箱线图展示（图 9-5）。

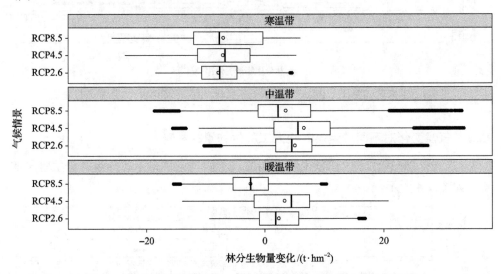

图 9-5　未来气候变化下 2010～2099 年各气候带林分生物量差值

如图 9-5 所示，与当前气候条件下的林分生物量相比，在未来气候情景下，仅寒温带的林分生物量差值为负（–7.23 t·hm^{-2}），而中温带（5.04 t·hm^{-2}）和暖温带（1.07 t·hm^{-2}）为正。另外，未来气候情景下不同气候带林分生物量的变化差异较大，中温带林分生物量的变化波动最大，差值的变化范围是–25.98～5.96 t·hm^{-2}；寒温带和暖温带林分生物量变化较小，差值的变化范围分别是–18.67～33.48 t·hm^{-2}、–15.46～20.75 t·hm^{-2}。

9.3　小　　　结

(1)建立了反映气候变化影响的林分生物量生长模型，并以此模拟未来气候变化对林分生物量的影响。

(2)与当前气候条件下的林分生物量相比，未来气候情景下气候变化加速了林分生物量的生长,三种气候情景下林分生物量的平均差值为$-2.39\sim9.99$ $t\cdot hm^{-2}$($-2.65\%\sim9.30\%$),差值的变化范围为$-25.98\sim33.48$ $t\cdot hm^{-2}$($-17.82\%\sim18.77\%$)。

(3)分省(自治区、直辖市)分析林分生物量对气候的响应时发现:未来气候情景下仅北京市(-1.13 $t\cdot hm^{-2}$)和内蒙古自治区(-1.80 $t\cdot hm^{-2}$)的平均生物量差值为负,而河北省(0.44 $t\cdot hm^{-2}$)、黑龙江省(4.11 $t\cdot hm^{-2}$)、吉林省(6.01 $t\cdot hm^{-2}$)、辽宁省(10.21 $t\cdot hm^{-2}$)和山西省(4.09 $t\cdot hm^{-2}$)均为正。

(4)分龄组分析林分生物量对气候的响应时发现:与当前气候条件下的林分生物量相比,在未来气候情景下,各龄组的落叶松人工林的生物量都呈现增加的趋势,这说明气候变化对林分生物量生长的影响主要表现为促进作用,不同龄组林分生物量的平均差值大小顺序为成过熟林(4.18 $t\cdot hm^{-2}$)<幼龄林(4.55 $t\cdot hm^{-2}$)<中龄林(5.79 $t\cdot hm^{-2}$)<近熟林(6.06 $t\cdot hm^{-2}$)。此外,各龄组的林分生物量对气候变化的响应波动程度随年龄增加而变大,幼龄林林分生物量差值的变化范围是$-1.68\sim27.62$ $t\cdot hm^{-2}$、中龄林是$-7.42\sim33.14$ $t\cdot hm^{-2}$、近熟林是$-9.26\sim33.11$ $t\cdot hm^{-2}$,成过熟林是$-25.98\sim33.48$ $t\cdot hm^{-2}$。

(5)分气候带分析林分生物量对气候的响应时发现:与当前气候条件下的林分生物量相比,在未来气候情景下,仅寒温带的林分生物量差值为负(-7.23 $t\cdot hm^{-2}$),而中温带(5.04 $t\cdot hm^{-2}$)和暖温带(1.07 $t\cdot hm^{-2}$)为正。另外,未来气候情景下不同气候带林分生物量的变化差异较大,中温带林分生物量的变化波动最大,差值的变化范围是$-25.98\sim5.96$ $t\cdot hm^{-2}$;寒温带和暖温带林分生物量变化较小,差值的变化范围分别是$-18.67\sim33.48$ $t\cdot hm^{-2}$、$-15.46\sim20.75$ $t\cdot hm^{-2}$。

参 考 文 献

金钟跃, 贾炜玮, 刘微. 2010. 落叶松人工林生物量模型研究. 植物研究, 30(6): 747-752.

Dong L, Zhang L, Li F. 2015. A three-step proportional weighting system of nonlinear biomass equations. Forest Science, 61(1): 35-45.

Eggers J, Lindner M, Zudin S, et al. 2008. Impact of changing wood demand, climate and land use on European forest resources and carbon stocks during the 21st century. Global Change Biology, 14: 2288-2303.

Kirilenko A P, Sedjo R A. 2007. Climate change impacts on forestry. Proceedings of the National Academy of Sciences of the United States of America, 104(50): 19697-19702.

Poudel B C, Sathre R, Gustavsson L, et al. 2011. Effects of climate change on biomass production and substitution in north-central Sweden. Biomass and Bioenergy, 35: 4340-4355.

第10章 模拟间伐和气候变化对落叶松人工林生长的影响

林分生长模型是指描述林木生长与林分状态和立地条件关系的一组数学函数或方程式。在这些方程式中，由于具有共同的自变量，各方程误差常常存在相关性。Clutter(1963)引入生长和收获模型的相容性观点，基于 Schumacher 生长方程提出了相容性林分生长量模型与收获量模型。近期也开始建立气候敏感的森林生长模型系，如 Crookston 等(2010)以 FVS(Forest Vegetation Simulator)模型系为基础，通过在生长模型、枯死模型和更新模型中添加气候变量构建了 Climate-FVS 模型系来分析气候与树木的关系，该模型系可以用于预测气候变化下树木的生长收获情况，以此为适应性森林经营提供理论支持和技术帮助。余黎(2014)以全林整体模型(唐守正，1991)为基础，通过在断面积生长模型和优势高生长模型中添加了最干季平均气温和最湿月降水量来解释气候与森林的关系，并模拟了 2040～2080 年吉林省长白落叶松的生长情况。

本章以前几章构建的林分株数转移模型、林分断面积生长模型、林分蓄积生长模型和林分生物量生长模型为基础，采用联立方程组构建了落叶松人工林林分生长模型系 CSSGM-larch(Climate Sensitive Stand Growth Model for larch plantations)，模拟分析气候变化对林分变量的影响，并与单个方程进行比较。

10.1 模型建立

10.1.1 含气候因子的模型系

根据前面的研究，林分模型系中的基础模型包括林分株数转移模型[式(6.3)]、林分断面积模型[式(7.2)]、林分蓄积模型[式(8.2)]和林分生物量模型[式(9.2)]，联立的方法采用 Fang 等(2001)提出的含随机参数的联立方程组的方法，如式(10.1)所示：

$$
\left\{
\begin{array}{l}
Y_{ijk} = \begin{bmatrix} N_{ijk} \\ \mathrm{BA}_{ijk} \\ V_{ijk} \\ B_{ijk} \end{bmatrix} = \begin{bmatrix} f_1(\beta,b,\boldsymbol{X}_{ijk})z_1 + f_2(\beta,b,\boldsymbol{X}_{ijk})z_2 + f_3(\beta,b,\boldsymbol{X}_{ijk})z_3 + f_4(\beta,b,\boldsymbol{X}_{ijk})z_4 + \varepsilon_{1ijk} \\ f_1(\beta,b,\boldsymbol{X}_{ijk})z_1 + f_2(\beta,b,\boldsymbol{X}_{ijk})z_2 + f_3(\beta,b,\boldsymbol{X}_{ijk})z_3 + f_4(\beta,b,\boldsymbol{X}_{ijk})z_4 + \varepsilon_{2ijk} \\ f_1(\beta,b,\boldsymbol{X}_{ijk})z_1 + f_2(\beta,b,\boldsymbol{X}_{ijk})z_2 + f_3(\beta,b,\boldsymbol{X}_{ijk})z_3 + f_4(\beta,b,\boldsymbol{X}_{ijk})z_4 + \varepsilon_{3ijk} \\ f_1(\beta,b,\boldsymbol{X}_{ijk})z_1 + f_2(\beta,b,\boldsymbol{X}_{ijk})z_2 + f_3(\beta,b,\boldsymbol{X}_{ijk})z_3 + f_4(\beta,b,\boldsymbol{X}_{ijk})z_4 + \varepsilon_{4ijk} \end{bmatrix} \\[4mm]
f_1(\beta,b,\boldsymbol{X}_{ijk}) = \left(N_{0ijk}^{\,\beta_0 + \beta_4 \mathrm{Tave\_JJA}_{ij}} + \left(\dfrac{\mathrm{SI}_{ij}}{10000} \right)^{\beta_1 + b_{1i} + b_{1ij} + \beta_3 \mathrm{Bathinp}_{ijk}} \left(t_{ijk}^{\,\beta_2} - t_{0ijk}^{\,\beta_2} \right) \right)^{\frac{1}{\beta_0 + \beta_4 \mathrm{Tave\_JJA}_{ij}}} \\[4mm]
f_2(\beta,b,\boldsymbol{X}_{ijk}) = \mathrm{e}^{\beta_5 + b_{5i} + \beta_9 \mathrm{CMD}_{ij} + \frac{\beta_6}{t_{ijk}}} \left(\dfrac{N_{ijk}}{1000} \right)^{\frac{\beta_7}{t_{ijk}}} \mathrm{SI}_{ij}^{\,\beta_8} \\[4mm]
f_3(\beta,b,\boldsymbol{X}_{ijk}) = \mathrm{e}^{\beta_{10} + b_{10i} + \frac{\beta_{11}}{t_{ijk}} + \beta_{12} \mathrm{SI}_{ij}} \mathrm{BA}_{ijk}^{\,\beta_{13}} \\[4mm]
f_4(\beta,b,\boldsymbol{X}_{ijk}) = \mathrm{e}^{\beta_{14} + b_{14i} + \frac{\beta_{15}}{t_{ijk}} + \beta_{18} \mathrm{CMD\_JJA}_{ij} + \beta_{19} \mathrm{CMD\_SON}_{ij}} \mathrm{SI}_{ij}^{\,\beta_{16}} \mathrm{BA}_{ijk}^{\,\beta_{17}}
\end{array}
\right.
$$

$$(10.1)$$

式中，Y_{ijk} 为第 i 个省第 j 个样地第 k 次调查的因变量；$\boldsymbol{X}_{ijk}$、β、b 分别为第 i 个省第 j 个样地第 k 次调查的自变量向量、固定效应参数和随机效应参数；f_1、f_2、f_3、f_4 分别为株数转移模型、断面积模型、蓄积模型和生物量模型；z_1、z_2、z_3、z_4 分别是因变量为株数、断面积、蓄积和生物量的哑变量；N_{0ijk} 为第 i 个省第 j 个样地林分年龄为 t_{0ijk} 的林分每公顷株数；N_{ijk}、BA_{ijk}、V_{ijk}、B_{ijk}、t_{ijk} 分别为第 i 个省第 j 个样地第 k 次调查的林分每公顷株数、林分断面积、林分蓄积、林分生物量和年龄；SI_{ij}、$\mathrm{Tave\_JJA}_{ij}$、CMD_{ij}、$\mathrm{CMD\_JJA}_{ij}$、$\mathrm{CMD\_SON}_{ij}$ 分别为第 i 个省第 j 个样地的地位指数、夏季平均气温、年、夏季和秋季的 Hargreaves 水汽亏缺；$\mathrm{Bathinp}_{ijk}$ 为第 i 个省第 j 个样地 t_{0ijk} 到 t_{ijk} 之间被采伐林木的断面积比例；b_{1i}、b_{5i}、b_{10i}、b_{14i} 为省水平随机效应参数，且 $\begin{bmatrix} b_{1i} & b_{5i} & b_{10i} & b_{14i} \end{bmatrix}^{\mathrm{T}} \sim N(0,\boldsymbol{\psi}_1)$，$\boldsymbol{\psi}_1$ 为省水平随机效应参数的方差协方差矩阵；b_{1ij} 为样地水平的随机效应参数，且 $b_{1ij} \sim N(0,\boldsymbol{\psi}_2)$，$\boldsymbol{\psi}_2$ 为样地水平随机效应参数的方差协方差矩阵，本章中的 $\boldsymbol{\psi}_1$、$\boldsymbol{\psi}_2$ 采用 Hall 和 Clutter（2004）推荐的对角矩阵形式；$\begin{bmatrix} \varepsilon_{1ijk} & \varepsilon_{2ijk} & \varepsilon_{3ijk} & \varepsilon_{4ijk} \end{bmatrix}^{\mathrm{T}} \sim N(0,\boldsymbol{R}_{ij})$，$\boldsymbol{R}_{ij}$ 为第 i 个省第 j 个样地内的方差协方差矩阵，并采用了复合对称矩阵来描述模型间的相关性；$\beta_0 \sim \beta_{19}$ 为模型的固定参数。

式 (10.1) 在 R 中的运行代码及输出结果如下：

```
>Sim<-nlme(Y~z1*((N0^(β0+Tave_JJA*β4)+((SI/10000)^(β1+β3*Bathinp))
*((t^β2)-(t0^β2)))^(1/(β0+Tave_JJA*β4)))+z2*(exp(β5+β9*CMD+β6/t)*((N/
1000)^(β7/t))*(SI^β8))+z3*(exp(β10+β11/t+β12*SI)*(BA^β13))+z4*(exp(β14+
β15/t+β18*CMD_JJA+β19*CMD_SON)*(SI^β16)*(BA^β17)), data=GMD_normal_
```

sim, fixed=β0+β1+β2+β3+β4+β5+β6+β7+β8+β9+β10+β11+β12+β13+β14+β15+ β16+ β17+β18+β19~1, random=list（province=pdBlocked（list（（β1~1），（β5~1），（β10~1），（β14~1）））, subplot=（β1~1））, start=c（β0=−0.2511, β1=1.7966, β2=1.9459, β3=−0.9079, β4=−0.0122, β5=0.9936, β6=−30.9883, β7=10.5857, β8=1.0214, β9=0.0013, β10=1.9617, β11=−10.9781, β12=0.0574, β13=0.9737, β14=1.0249, β15=−8.0716, β16=0.5562, β17=0.9639, β18=0.0004, β19=−0.0026）, corr=corCompSymm（form= ~1| province/subplot/t））

>summary（Sim）

Nonlinear mixed-effects model fit by maximum likelihood

Model: Y~ z1*（（N0^（β0+Tave_JJA*β4)+（（SI /10000)^（β1+β3*Bathinp））* （（t^β2)-（t0^β2）)）^（1/（β0+Tave_JJA*β4)））+z2*（exp（β5+β9*CMD+β6/t)*（（N/1000) ^（β7/t)）*（SI^β8)）+z3*（exp（β10+β11/t+β12*SI)*（BA^β13)）+z4*（exp（β14+β15/t+ β18*CMD_JJA+β19* CMD_SON)*（SI^β16)*（BA^β17)）

Data: GMD_normal_sim

AIC	BIC	logLik
25180.06	25340.13	−12563.03

Random effects:

Composite Structure: Blocked

Block 1: β1

Formula: β1~ 1 | province

　　　　　β1

StdDev: 0.1420649

Block 2: β5

Formula: β5 ~ 1 | province

　　　　　β5

StdDev: 0.0001839056

Block 3: β10

Formula: β10~ 1 | province

　　　　　β10

StdDev: 0.08774611

Block 4: β14

Formula: β14~ 1 | province

　　　　　β14

StdDev: 0.05434828

Formula: β1 ~ 1 | subplot %in% province

　　　　　　　　β1　　　　　　Residual
StdDev: 0.2836026　　17.73732
Correlation Structure: Compound symmetry
　Formula: ~1 | province/subplot/age
　Parameter estimate(s) :
　　Rho
0.01150106
　Fixed effects: β0+β1+β2+β3+β4+β5+β6+β7+β8+β9+β10+β11+β12+β13+β14+ β15+ β16+β17+β18+β19 ~ 1

	Value	Std.Error	DF	t-value	p-value
β0	−2.45199	0.265890	2387	−9.22183	0.0000
β1	6.60178	0.200800	2387	32.87735	0.0000
β2	6.23937	0.180534	2387	34.56071	0.0000
β3	−1.09406	0.022532	2387	−48.55630	0.0000
β4	−0.04514	0.012546	2387	−3.59798	0.0003
β5	1.16853	0.308844	2387	3.78356	0.0002
β6	−32.32028	6.589649	2387	−4.90470	0.0000
β7	19.84359	3.289404	2387	6.03258	0.0000
β8	0.95990	0.368458	2387	2.60518	0.0092
β9	0.00129	0.000185	2387	6.97297	0.0000
β10	1.41939	0.101988	2387	13.91726	0.0000
β11	−10.92415	0.805645	2387	−13.55950	0.0000
β12	0.09391	0.007739	2387	12.13560	0.0000
β13	0.97190	0.021666	2387	44.85837	0.0000
β14	0.59623	0.225788	2387	2.64065	0.0083
β15	−7.88292	0.900161	2387	−8.75723	0.0000
β16	0.71401	0.084959	2387	8.40413	0.0000
β17	0.97088	0.023692	2387	40.98025	0.0000
β18	0.00080	0.000345	2387	2.31884	0.0205
β19	−0.00247	0.001012	2387	−2.43729	0.0149

　Correlation:

	β0	β1	β2	β3	β4	β5	β6	β7	β8	β9
β1	−0.400									
β2	−0.304	0.891								
β3	0.178	−0.441	−0.265							

$\beta 4$	−0.899	−0.002	−0.048	0.078					
$\beta 5$	0.001	0.000	0.000	0.000	−0.001				
$\beta 6$	−0.001	0.002	0.003	0.000	0.000	0.033			
$\beta 7$	0.000	−0.001	0.000	0.000	0.000	−0.238	−0.525		
$\beta 8$	0.000	0.000	0.000	0.000	0.001	−0.959	−0.240	0.324	
$\beta 9$	−0.001	0.000	0.000	0.000	0.001	−0.781	−0.162	0.223	0.666
$\beta 10$	−0.001	0.001	0.000	−0.001	0.000	0.003	0.000	−0.004	−0.003	0.000
$\beta 11$	0.000	0.002	0.003	0.000	−0.001	−0.001	0.008	0.003	0.000	0.000
$\beta 12$	0.000	0.000	−0.001	0.001	0.000	−0.003	0.001	−0.004	0.003	0.001
$\beta 13$	0.001	−0.001	−0.001	0.000	0.000	−0.002	−0.004	0.009	0.002	0.000
$\beta 14$	0.000	0.000	0.000	−0.001	0.000	0.007	0.000	−0.002	−0.007	−0.006
$\beta 15$	0.000	0.002	0.003	0.000	0.000	−0.001	0.008	0.003	0.000	0.000
$\beta 16$	0.000	0.000	0.000	0.001	0.000	−0.006	0.000	−0.002	0.006	0.004
$\beta 17$	0.001	−0.001	−0.001	0.000	0.000	−0.002	−0.004	0.009	0.003	0.002
$\beta 18$	0.000	0.000	0.000	0.000	0.000	−0.003	0.000	0.000	0.003	0.004
$\beta 19$	−0.001	0.000	0.000	0.000	0.001	−0.004	−0.001	0.002	0.003	0.005

	$\beta 10$	$\beta 11$	$\beta 12$	$\beta 13$	$\beta 14$	$\beta 15$	$\beta 16$	$\beta 17$	$\beta 18$
$\beta 11$	−0.382								
$\beta 12$	−0.602	−0.121							
$\beta 13$	−0.555	0.369	−0.195						
$\beta 14$	0.007	−0.002	−0.006	−0.003					
$\beta 15$	−0.005	0.012	−0.001	0.004	−0.180				
$\beta 16$	−0.005	−0.001	0.008	−0.001	−0.898	−0.073			
$\beta 17$	−0.007	0.004	−0.001	0.011	−0.290	0.374	−0.089		
$\beta 18$	−0.001	0.000	0.001	0.000	−0.383	−0.029	0.326	−0.014	
$\beta 19$	0.001	0.000	0.000	0.000	−0.231	0.046	0.105	0.129	−0.419

Standardized Within-Group Residuals:

Min	Q1	Med	Q3	Max
−14.541579243	−0.218944003	−0.002775669	0.213657000	10.221546763

Number of Observations: 2776

Number of Groups:

province subplot %in% province

7　　　　　　　370

"Sim" 为临时对象，其中存储了式(10.1)的建模结果；"nlme( )" 中的 "z1"、

"z2"、"z3"、"z4"为哑变量，分别针对林分每公顷株数、断面积、蓄积和生物量；"summary（Sim）"能输出构建的模型的结果，其中的参数"Rho"就是描述样地内各模型相关性的复合对称矩阵的参数，与表 10-1 中的 ρ 一致。

表 10-1　林分生长模型系的参数估计值

参数	估计值	标准差
β_0	−2.4520	0.2659
β_1	6.6018	0.2008
β_2	6.2394	0.1805
β_3	−1.0941	0.0225
β_4	−0.0451	0.0125
β_5	1.1685	0.3088
β_6	−32.3203	6.5896
β_7	19.8436	3.2894
β_8	0.9599	0.3685
β_9	0.0013	0.0002
β_{10}	1.4194	0.1020
β_{11}	−10.9242	0.8056
β_{12}	0.0939	0.0077
β_{13}	0.9719	0.0217
β_{14}	0.5962	0.2258
β_{15}	−7.8829	0.9002
β_{16}	0.7140	0.0850
β_{17}	0.9709	0.0237
β_{18}	0.0008	0.0003
β_{19}	−0.0025	0.0010
δ_1	0.1421	
δ_5	0.0002	
δ_{10}	0.0877	
δ_{14}	0.0543	
$\delta_{1,1}$	0.2836	
ρ	0.0115	
σ	17.7373	

注：δ_1 为 b_{1i} 的标准差，δ_5 为 b_{5i} 的标准差，δ_{10} 为 b_{10i} 的标准差，δ_{14} 为 b_{14i} 的标准差，$\delta_{1,1}$ 为 b_{1ij} 的标准差，ρ 为描述样地内各模型相关性的复合对称矩阵的参数，σ 为组内误差的尺度。

提取各省（自治区、直辖市）随机效应估计值的代码及输出结果如下：

```
> random.effects（Sim）$province
```

	β1	β5	β10	β14
北京市	0.02427649	3.279902e-08	−0.02501332	−0.009163577

河北省	−0.23973255	3.714069e-07	0.10768015	0.011063013
黑龙江省	−0.01839201	−1.653985e-07	−0.11319746	−0.030601451
吉林省	0.10563500	−3.849332e-07	0.14106559	0.050031333
辽宁省	0.18671307	−1.808786e-08	−0.05531035	−0.057618020
内蒙古自治区	0.05061527	7.546483e-08	−0.02912694	0.085484169
山西省	−0.10911527	8.874882e-08	−0.02609767	−0.049195467

分析各省（自治区、直辖市）的随机效应估计值可知，相对于株数、蓄积和生物量模型而言，各省（自治区、直辖市）落叶松人工林的断面积模型估计得到的随机效应值较小，说明在环境条件相同的情况下，各省（自治区、直辖市）的断面积差异不大，东北三省的断面积略低于其他省（自治区、直辖市）。就株数而言，河北省、黑龙江省和山西省的随机效应估计值为负，说明在河北省、黑龙江省和山西省，立地质量对株数变化的影响小于其他省（自治区、直辖市）；就蓄积而言，北京市、黑龙江省、辽宁省、山西省和内蒙古自治区的随机效应估计值为负，说明在环境相同时，这些省（自治区、直辖市）估计得到的蓄积小于其他省；就生物量而言，北京市、黑龙江省、辽宁省和山西省的随机效应估计值为负，说明环境相同时，这些省（自治区、直辖市）得到的生物量估计小于其他省。

10.1.2　模型比较

由表 10-1 可知，模型系中所有参数均显著。如表 10-2 所示，模型系对林分株数的模拟效果要优于第六章中的式(6.4)，而对林分断面积、蓄积和生物量的模拟效果要弱于式(7.3)、式(8.3)和式(9.3)。具体来看，与前面单独拟合的林分株数转移模型、林分断面积模型、林分蓄积模型和林分生物量模型的效果相比，采用模型系拟合林分株数的 R_a^2 增加了 0.30%，MAB 减小了 42.20%，RMA 减小了 41.28%，RMSE 减小了 30.90%；拟合林分断面积的 R_a^2 减少了 29.17%，MAB 增加了 321.43%，RMA 增加了 247.55%，RMSE 增加了 346.52%；拟合林分蓄积的 R_a^2 减少了 2.99%，MAB 增加了 118.50%，RMA 增加了 84.17%，RMSE 增加了 121.05%；拟合林分生物量的 R_a^2 减少了 1.22%，MAB 增加了 95.58%，RMA 增加了 64.50%，RMSE 增加了 96.52%。式(10.1)的残差图如图 10-1 所示。

表 10-2　气候敏感的林分生长模型系统计量

模型	R_a^2	MAB	RMA	RMSE
林分株数转移	0.9972	18.7035	0.0205	31.4275
林分断面积	0.6977	2.5100	0.2482	3.4255
林分蓄积	0.9629	7.4867	0.1214	9.8765
林分生物量	0.9838	4.2210	0.0760	5.4903

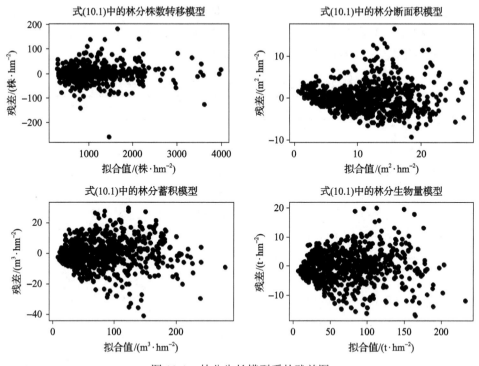

图 10-1　林分生长模型系的残差图

总的来看，虽然采用联立方程组的方法降低了林分断面积、蓄积和生物量模型的估计效果，但模型系考虑了不同模型间误差的相关性，具有统计上的合理性，且对林分株数的估计效果更优。

10.2　气候影响模拟

基于预测林分生长对未来气候变化响应的目的，以第六期的林分数据作为期初状态，选取气候敏感的林分生长模型系预测未来(2010～2099 年)气候变化下落叶松人工林每年的林分枯死、断面积、蓄积和生物量的变化情况。

由表 10-3～表 10-6 可知，整体上来看，在 2010～2099 年，相较于当前气候条件，未来气候变化下林分枯死在 2010～2039 年呈现加剧的态势，而在 2040～2099 年呈现减缓的态势，林分断面积、蓄积和生物量则在 2010～2099 年均表现为减少的状态。具体来看，三种未来气候情景的林分枯死平均差值为 –7.17～1.55 株·hm^{-2}·a^{-1} (–63.98%～10.01%)，变化范围为 –34～54 株·hm^{-2}·a^{-1} (–100.00%～875.00%)；林分断面积的平均差值为 –2.20～–1.11 m^2·hm^{-2} (–12.25%～–7.31%)，变化范围为 –4.20～0.92 m^2·hm^{-2} (–17.27%～4.70%)；林分蓄积的平均差值为 –19.37～

–9.13 m³·hm⁻² (–12.27%～–7.52%)，变化范围为–47.27～7.49 m³·hm⁻²(–16.83%～4.56%)；林分生物量的平均差值为–13.41～–8.46 t·hm⁻²(–10.03%～–8.01%)，变化范围为–32.87～3.90 t·hm⁻²(–16.92%～3.12%)。

表 10-3　2010～2099 年不同气候情景下林分枯死的预测

时间	气候情景	林分枯死/(株·hm⁻²·a⁻¹)				林分枯死差值/(株·hm⁻²·a⁻¹)		
		平均值	标准差	最大值	最小值	平均值	最大值	最小值
2010～2039 年	Current	15.53	13.55	83	0	0.00	0	0
	RCP2.6	17.08	14.61	94	0	1.55	15	0
	RCP4.5	16.55	14.33	92	0	1.02	13	0
	RCP8.5	16.91	14.54	96	0	1.38	15	0
2040～2069 年	Current	14.61	9.78	62	0	0.00	0	0
	RCP2.6	10.64	7.46	73	0	–3.96	25	–34
	RCP4.5	11.36	8.14	76	0	–3.24	28	–33
	RCP8.5	12.67	9.47	100	0	–1.93	54	–29
2070～2099 年	Current	11.20	6.90	45	0	0.00	0	0
	RCP2.6	4.04	2.47	22	0	–7.17	4	–32
	RCP4.5	4.48	2.83	28	1	–6.72	6	–31
	RCP8.5	4.35	2.73	29	1	–6.86	7	–30

表 10-4　2010～2099 年不同气候情景下林分断面积的预测

时间	气候情景	林分断面积/(m²·hm⁻²)				林分断面积差值/(m²·hm⁻²)		
		平均值	标准差	最大值	最小值	平均值	最大值	最小值
2010～2039 年	Current	15.21	4.51	27.22	0.63	0.00	0.00	0.00
	RCP2.6	14.09	4.13	27.81	0.59	–1.11	0.67	–2.95
	RCP4.5	13.76	4.05	27.07	0.56	–1.44	–0.03	–3.61
	RCP8.5	13.74	4.03	26.56	0.56	–1.46	–0.04	–3.49
2040～2069 年	Current	17.96	3.25	28.79	7.45	0.00	0.00	0.00
	RCP2.6	16.26	2.92	25.82	6.66	–1.71	0.41	–3.50
	RCP4.5	15.76	2.81	25.07	6.64	–2.20	–0.31	–4.20
	RCP8.5	16.51	2.93	26.37	6.92	–1.45	0.63	–3.06
2070～2099 年	Current	19.79	3.10	30.71	9.34	0.00	0.00	0.00
	RCP2.6	17.92	2.70	27.37	8.63	–1.87	0.92	–3.85
	RCP4.5	18.22	2.74	28.40	8.79	–1.57	0.16	–3.21
	RCP8.5	18.11	2.72	28.82	8.83	–1.68	0.04	–3.45

表 10-5　2010～2099 年不同气候情景下林分蓄积的预测

时间	气候情景	林分蓄积/(m³·hm⁻²)				林分蓄积差值/(m³·hm⁻²)		
		平均值	标准差	最大值	最小值	平均值	最大值	最小值
2010～2039 年	Current	121.40	48.98	276.41	3.38	0.00	0.00	0.00
	RCP2.6	112.26	43.63	251.41	3.16	-9.13	3.54	-32.54
	RCP4.5	109.68	42.69	243.57	3.00	-11.72	-0.16	-35.44
	RCP8.5	109.55	42.67	244.15	2.99	-11.84	-0.22	-34.21
2040～2069 年	Current	157.91	49.23	309.99	46.45	0.00	0.00	0.00
	RCP2.6	142.89	43.02	279.14	41.67	-15.01	3.12	-39.19
	RCP4.5	138.54	41.05	268.66	41.53	-19.37	-1.96	-47.27
	RCP8.5	145.06	43.51	285.19	43.26	-12.85	4.34	-33.93
2070～2099 年	Current	181.42	55.28	348.58	61.29	0.00	0.00	0.00
	RCP2.6	163.92	46.43	304.78	56.76	-17.50	7.49	-46.13
	RCP4.5	166.82	48.16	317.16	57.79	-14.60	1.16	-37.56
	RCP8.5	165.91	48.08	311.18	58.05	-15.51	0.26	-40.41

表 10-6　2010～2099 年不同气候情景下林分生物量的预测

时间	气候情景	林分生物量/(t·hm⁻²)				林分生物量差值/(t·hm⁻²)		
		平均值	标准差	最大值	最小值	平均值	最大值	最小值
2010～2039 年	Current	105.56	38.73	221.70	3.25	0.00	0.00	0.00
	RCP2.6	97.10	35.00	198.76	2.99	-8.46	1.98	-22.93
	RCP4.5	96.19	34.88	198.76	2.97	-9.37	-0.28	-27.45
	RCP8.5	97.05	35.52	200.56	2.99	-8.51	-0.26	-23.55
2040～2069 年	Current	133.66	36.52	257.32	38.49	0.00	0.00	0.00
	RCP2.6	122.95	33.27	228.18	34.98	-10.71	-1.06	-29.14
	RCP4.5	120.25	32.22	229.58	34.50	-13.41	-2.28	-30.09
	RCP8.5	124.60	34.33	231.61	36.63	-9.06	1.96	-28.61
2070～2099 年	Current	151.66	39.88	278.30	49.96	0.00	0.00	0.00
	RCP2.6	138.81	35.12	248.93	45.33	-12.84	3.90	-29.37
	RCP4.5	138.86	35.28	245.43	47.17	-12.79	3.35	-32.87
	RCP8.5	138.35	36.71	257.45	45.47	-13.31	-3.79	-25.14

10.2.1　气候变化对不同省(自治区、直辖市)落叶松人工林生长的影响

为了研究落叶松对气候变化响应的空间差异,不同气候情景下各省(自治区、直辖市)林分每公顷株数、断面积、蓄积、生物量的趋势图分别如图 10-2～图 10-5所示。

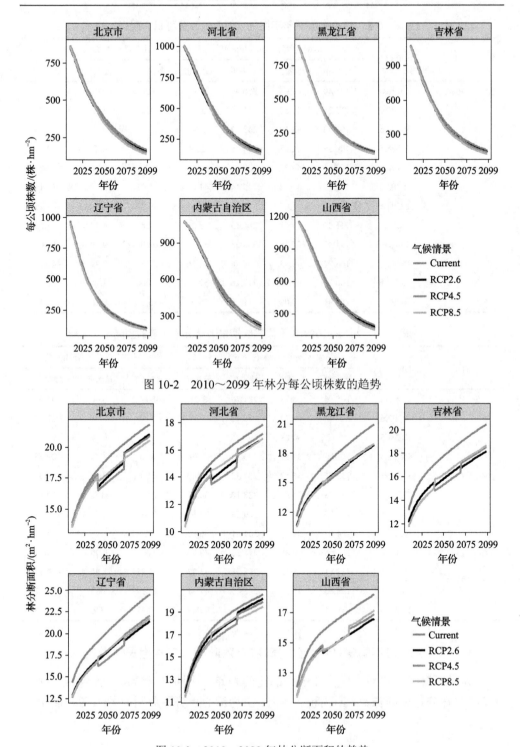

图 10-2　2010～2099 年林分每公顷株数的趋势

图 10-3　2010～2099 年林分断面积的趋势

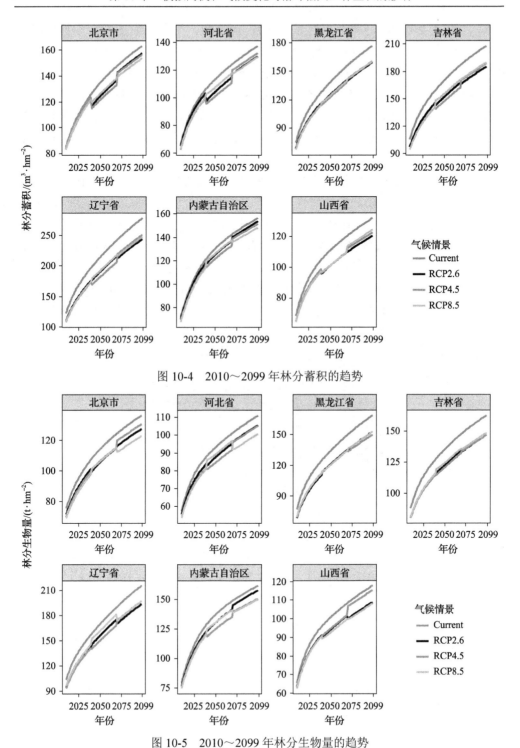

图 10-4　2010～2099 年林分蓄积的趋势

图 10-5　2010～2099 年林分生物量的趋势

由图 10-2 可知，不同气候情景下各省（自治区、直辖市）林分每公顷株数的平均下降趋势均高于当前气候条件，即意味着气候变化加剧了林分枯死，且在 2099 年时，三种气候情景中，RCP8.5 气候情景下各省（自治区、直辖市）的每公顷株数均为最小，RCP2.6 气候情景下各省（自治区、直辖市）的每公顷株数均为最大，这暗示了碳排放能加剧林分枯死。图 10-3～图 10-5 显示，与当前气候条件相比，未来气候情景下的林分断面积、蓄积和生物量均更小，说明气候变化会阻滞林分的生长。

为了进一步分析落叶松人工林对未来气候变化的响应，与当前气候条件下的林分生长状态相比，不同气候情景下各省（自治区、直辖市）林分枯死（图 10-6）、断面积（图 10-7）、蓄积（图 10-8）和生物量（图 10-9）的变化值以箱线图展示。

总的来看，未来气候情景下，所有省（自治区、直辖市）的林分枯死、断面积、蓄积和生物量均呈现减少的态势：北京市的林分枯死、林分断面积、林分蓄积和林分生物量的平均差值分别是 -2.06 株·hm^{-2}·a^{-1}、-0.99 m^2·hm^{-2}、-6.89 m^3·hm^{-2} 和 -8.03 t·hm^{-2}；河北省的林分枯死、林分断面积、林分蓄积和林

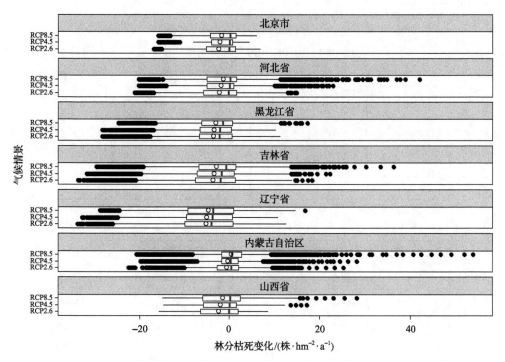

图 10-6 未来气候情景下 2010～2099 年各省（自治区、直辖市）林分枯死差值

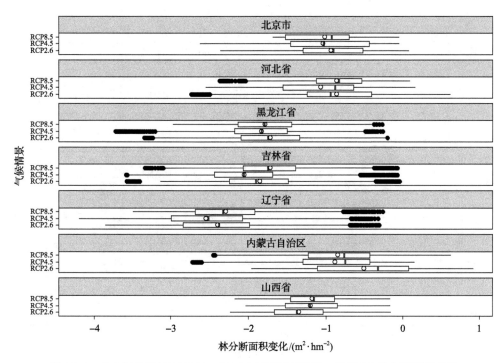

图 10-7　未来气候情景下 2010～2099 年各省（自治区、直辖市）林分断面积差值

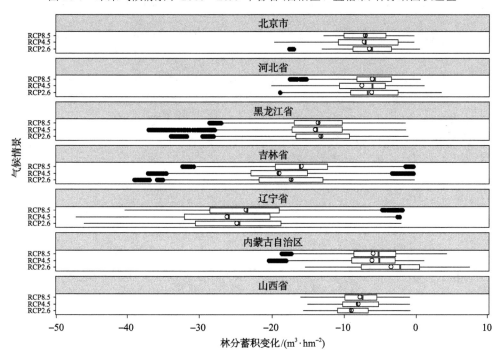

图 10-8　未来气候情景下 2010～2099 年各省（自治区、直辖市）林分蓄积差值

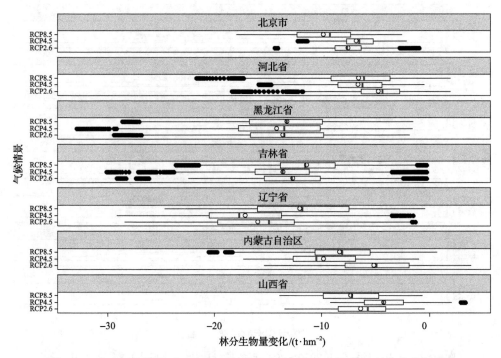

图 10-9　未来气候情景下 2010～2099 年各省(自治区、直辖市)林分生物量差值

分生物量的平均差值分别是–1.83 株·hm^{-2}·a^{-1}、–0.93 m^2·hm^{-2}、–6.59 m^3·hm^{-2} 和–5.96 t·hm^{-2}；黑龙江省的林分枯死、林分断面积、林分蓄积和林分生物量的平均差值分别是–3.29 株·hm^{-2}·a^{-1}、–1.78 m^2·hm^{-2}、–13.63 m^3·hm^{-2} 和–13.62 t·hm^{-2}；吉林省的林分枯死、林分断面积、林分蓄积和林分生物量的平均差值分别是–3.30 株·hm^{-2}·a^{-1}、–1.88 m^2·hm^{-2}、–17.46 m^3·hm^{-2} 和–12.51 t·hm^{-2}；辽宁省的林分枯死、林分断面积、林分蓄积和林分生物量的平均差值分别是–4.99 株·hm^{-2}·a^{-1}、–2.41 m^2·hm^{-2}、–24.89 m^3·hm^{-2} 和–14.98 t·hm^{-2}；内蒙古自治区的林分枯死、林分断面积、林分蓄积和林分生物量的平均差值分别是–0.14 株·hm^{-2}·a^{-1}、–0.74 m^2·hm^{-2}、–5.16 m^3·hm^{-2} 和–7.76 t·hm^{-2}；山西省的林分枯死、林分断面积、林分蓄积和林分生物量的平均差值分别是–1.95 株·hm^{-2}·a^{-1}、–1.24 m^2·hm^{-2}、–8.23 m^3·hm^{-2} 和–5.98 t·hm^{-2}。

　　此外，未来气候情景下东北三省的林分枯死、断面积、蓄积和生物量的变化较大，且东北三省所有样地断面积、蓄积和生物量差值均为负，意味着东北三省的林分生长对气候变化为负响应(表 10-7)。

表 10-7　2010～2099 年各省（自治区、直辖市）落叶松林分变量的变化

省（自治区、直辖市）	林分枯死差值 /(株·hm^{-2}·a^{-1})		林分断面积差值 /(m^2·hm^{-2})		林分蓄积差值 /(m^3·hm^{-2})		林分生物量差值 /(t·hm^{-2})	
	最大值	最小值	最大值	最小值	最大值	最小值	最大值	最小值
北京市	6.80	−16.86	0.08	−2.63	0.49	−19.78	−0.97	−17.91
河北省	42.03	−21.17	0.62	−2.74	3.54	−20.14	1.98	−21.64
黑龙江省	17.31	−28.34	−0.21	−3.72	−1.10	−37.12	−1.55	−32.87
吉林省	36.29	−33.77	−0.04	−3.58	−0.22	−39.08	−0.25	−30.09
辽宁省	16.74	−33.89	−0.27	−4.20	−1.85	−47.27	−0.39	−29.15
内蒙古自治区	54.03	−22.55	0.92	−2.72	7.49	−20.44	3.90	−20.55
山西省	28.20	−15.78	−0.16	−2.24	−0.79	−16.13	3.35	−13.92

10.2.2　气候变化对不同龄组落叶松人工林生长的影响

为了研究不同龄组的落叶松人工林对气候变化响应的差异，与当前气候条件下的林分生长状况相比，不同气候情景下各龄组林分枯死、断面积、蓄积和生物量的变化值如图 10-10～图 10-13 所示。

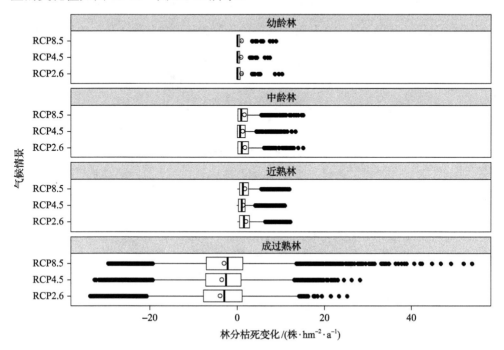

图 10-10　未来气候情景下 2010～2099 年各龄组林分枯死差值

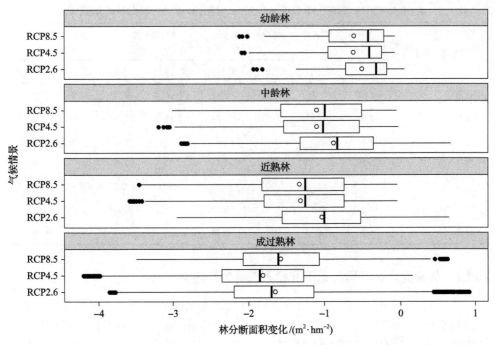

图 10-11　未来气候情景下 2010～2099 年各龄组林分断面积差值

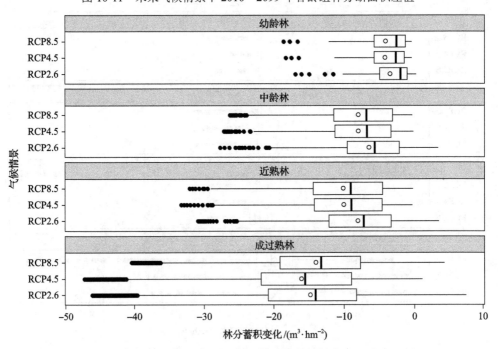

图 10-12　未来气候情景下 2010～2099 年各龄组林分蓄积差值

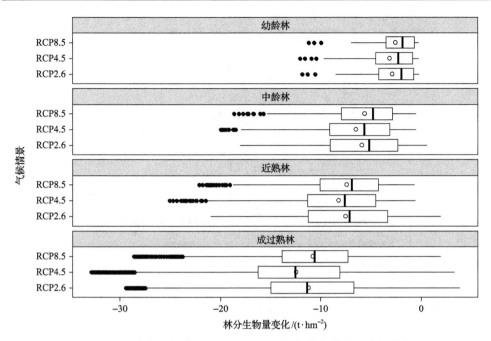

图 10-13　未来气候情景下 2010～2099 年各龄组林分生物量差值

总的来看，未来气候情景下，幼龄林、中龄林、近熟林的林分枯死增加，成过熟林的林分枯死减少，而所有龄组的林分断面积、蓄积和生物量均表现为减少，且减少的幅度随年龄的增加而增加。具体地看，幼龄林的林分枯死、断面积、蓄积和生物量的平均差值分别为 0.95 株·hm^{-2}·a^{-1}、–0.58 m^2·hm^{-2}、–3.86 m^3·hm^{-2}、–2.85 t·hm^{-2}；中龄林的林分枯死、断面积、蓄积和生物量的平均差值分别为 1.51 株·hm^{-2}·a^{-1}、–1.02 m^2·hm^{-2}、–7.40 m^3·hm^{-2}、–6.01 t·hm^{-2}；近熟林的林分枯死、断面积、蓄积和生物量的平均差值分别为 1.67 株·hm^{-2}·a^{-1}、–1.22 m^2·hm^{-2}、–9.36 m^3·hm^{-2}、–7.72 t·hm^{-2}；成过熟林的林分枯死、断面积、蓄积和生物量的平均差值分别为–3.49 株·hm^{-2}·a^{-1}、–1.67 m^2·hm^{-2}、–14.92 m^3·hm^{-2}、–11.46 t·hm^{-2}。

此外，总的来看，未来气候情景下，各龄组林分枯死、断面积、蓄积和生物量的变化幅度表现出明显的随年龄的增加而变大的趋势（表 10-8）。

表 10-8　2010～2099 年各龄组落叶松林分变量的变化

龄组	林分枯死差值 /(株·hm^{-2}·a^{-1})		林分断面积差值 /(m^2·hm^{-2})		林分蓄积差值 /(m^3·hm^{-2})		林分生物量差值 /(t·hm^{-2})	
	最大值	最小值	最大值	最小值	最大值	最小值	最大值	最小值
幼龄林	10.20	0.00	0.05	–2.12	0.29	–18.55	–0.19	–12.08
中龄林	15.00	–0.11	0.67	–3.20	3.46	–27.71	0.57	–19.99
近熟林	12.10	–0.17	0.65	–3.58	3.54	–33.24	1.98	–25.10
成过熟林	54.03	–33.89	0.92	–4.20	7.49	–47.27	3.90	–32.87

10.2.3　气候变化对不同气候带落叶松人工林生长的影响

与当前气候条件下的林分生长状况相比，不同气候情景下各气候带林分枯死、断面积、蓄积和生物量的变化值如图 10-14～图 10-17 所示。

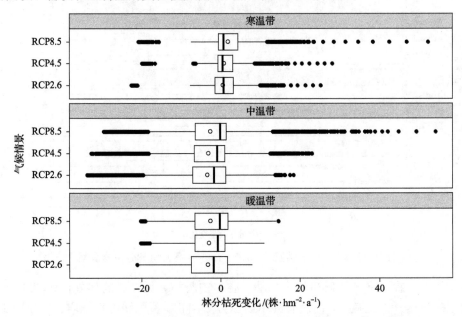

图 10-14　未来气候情景下 2010～2099 年各气候带林分枯死差值

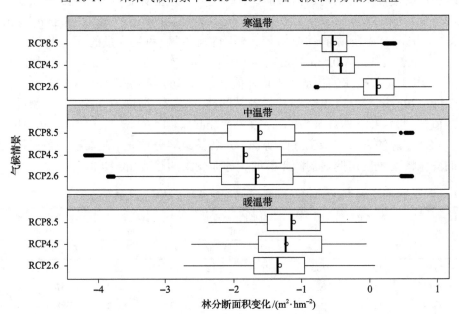

图 10-15　未来气候情景下 2010～2099 年各气候带林分断面积差值

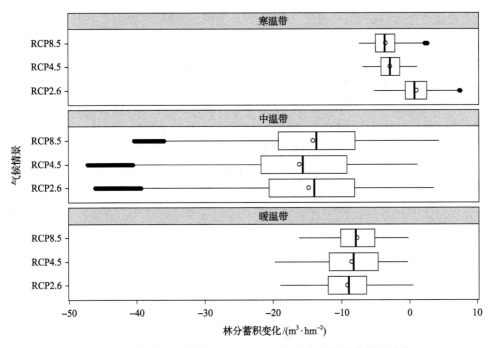

图 10-16　未来气候情景下 2010～2099 年各气候带林分蓄积差值

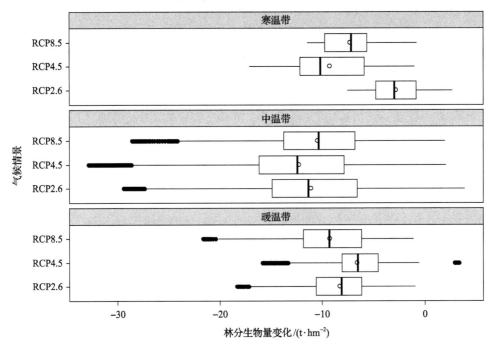

图 10-17　未来气候情景下 2010～2099 年各气候带林分生物量差值

总的来看,未来气候情景下,寒温带的林分枯死(平均差值为 1.07 株·hm^{-2}·a^{-1})增加,断面积(平均差值为 -0.26 m^2·hm^{-2})、蓄积(平均差值为 -1.77 m^3·hm^{-2})和生物量(平均差值为 -6.47 t·hm^{-2})减少;暖温带的林分枯死(平均差值为 -2.94 株·hm^{-2}·a^{-1})、断面积(平均差值为 -1.22 m^2·hm^{-2})、蓄积(平均差值为 -8.44 m^3·hm^{-2})和生物量(平均差值为 -8.08 t·hm^{-2})减少;中温带的林分枯死(平均差值为 -3.03 株·hm^{-2}·a^{-1})、断面积(平均差值为 -1.69 m^2·hm^{-2})、蓄积(平均差值为 -14.99 m^3·hm^{-2})和生物量(平均差值为 -11.28 t·hm^{-2})减少。具体来看,对林分枯死、断面积、蓄积和生物量而言,差值的大小顺序均为寒温带>暖温带>中温带。

此外,总的来看,未来气候情景下,中温带的林分枯死、断面积、蓄积和生物量的变化较大,寒温带和暖温带的林分枯死、断面积、蓄积和生物量变化相对较小(表 10-9)。

表 10-9　2010~2099 年各气候带落叶松林分变量的变化

气候带	林分枯死差值 /(株·hm^{-2}·a^{-1})		林分断面积差值 /(m^2·hm^{-2})		林分蓄积差值 /(m^3·hm^{-2})		林分生物量差值 /(t·hm^{-2})	
	最大值	最小值	最大值	最小值	最大值	最小值	最大值	最小值
寒温带	52.17	-22.55	0.92	-1.00	7.49	-7.38	2.70	-17.10
中温带	54.03	-33.89	0.63	-4.20	4.34	-47.27	3.90	-32.87
暖温带	14.49	-21.17	0.08	-2.74	0.49	-19.78	3.35	-21.64

10.3　间伐与气候变化对森林生长的交互作用

为了分析间伐强度与气候变化对森林生长的交互作用,以第六期的中幼龄林样地作为期初状态进行模拟。由王战和张颂云(1992)的研究可知,落叶松的间伐开始年限一般从 10 年到 15 年,因此第六期的中幼龄林样地选取林分年龄大于 10 年的样地,并应用 10.1 节建立的气候敏感的林分生长模型系预测未来(2010~2039 年)4 种气候情景(Current、RCP2.6、RCP4.5、RCP8.5)和 4 种间伐强度(断面积强度 0、10%、20%、30%)下落叶松人工林中幼龄林分生长的各省(自治区、直辖市)的平均变化情况,选定的间伐时间为 2017 年年初。

如表 10-10 和表 10-11 所示,间伐和气候变化对森林生长的影响非常明显:

表 10-10　2010～2039 年不间伐、间伐强度 10% 下林分变量差值平均值

省（自治区、直辖市）	气候情景	不间伐				间伐强度 10%			
		枯死差值 /(株·hm⁻²·a⁻¹)	断面积差值 /(m²·hm⁻²)	蓄积差值 /(m³·hm⁻²)	生物量差值 /(t·hm⁻²)	枯死差值 /(株·hm⁻²·a⁻¹)	断面积差值 /(m²·hm⁻²)	蓄积差值 /(m³·hm⁻²)	生物量差值 /(t·hm⁻²)
北京市	RCP2.6	1.27	-0.44	-3.05	-3.11	0.02	-0.44	-3.04	-3.10
	RCP4.5	0.43	-0.16	-1.10	-6.00	-0.01	-0.16	-1.10	-5.97
	RCP8.5	0.99	-0.30	-2.06	-7.57	0.03	-0.30	-2.06	-7.54
河北省	RCP2.6	1.45	-0.34	-2.23	-3.57	1.22	-0.34	-2.25	-3.58
	RCP4.5	0.59	-0.77	-4.82	-5.82	0.52	-0.77	-4.82	-5.82
	RCP8.5	0.98	-0.68	-4.29	-5.67	0.81	-0.68	-4.30	-5.67
黑龙江省	RCP2.6	0.84	-1.28	-8.86	-11.40	0.31	-1.28	-8.84	-11.37
	RCP4.5	0.58	-1.43	-9.91	-10.10	0.22	-1.43	-9.88	-10.07
	RCP8.5	0.81	-1.49	-10.29	-9.69	0.32	-1.49	-10.26	-9.66
吉林省	RCP2.6	1.82	-1.31	-10.70	-8.82	0.92	-1.31	-10.70	-8.81
	RCP4.5	1.57	-1.65	-13.42	-9.39	0.80	-1.65	-13.40	-9.38
	RCP8.5	1.73	-1.67	-13.58	-8.47	0.86	-1.67	-13.56	-8.46
辽宁省	RCP2.6	1.62	-1.76	-16.47	-11.46	0.24	-1.76	-16.42	-11.43
	RCP4.5	1.26	-1.87	-17.37	-12.16	0.18	-1.87	-17.31	-12.13
	RCP8.5	1.73	-1.86	-17.28	-9.12	0.26	-1.85	-17.23	-9.10
内蒙古自治区	RCP2.6	0.46	-0.28	-1.71	-3.38	0.39	-0.28	-1.71	-3.38
	RCP4.5	0.21	-0.61	-3.72	-5.07	0.21	-0.61	-3.72	-5.07
	RCP8.5	0.33	-0.67	-4.15	-5.04	0.34	-0.67	-4.15	-5.04
山西省	RCP2.6	1.32	-0.83	-5.01	-3.28	1.44	-0.84	-5.03	-3.29
	RCP4.5	0.74	-0.60	-3.59	-4.03	0.81	-0.60	-3.60	-4.04
	RCP8.5	1.32	-0.87	-5.25	-4.02	-0.07	-4.14	-24.23	-21.80

表 10-11　2010～2039 年间伐强度 20%、30% 下林分变量差值平均值

省（自治区、直辖市）	气候情景	间伐强度 20%				间伐强度 30%			
		枯死差值 /(株·hm⁻²·a⁻¹)	断面积差值 /(m²·hm⁻²)	蓄积差值 /(m³·hm⁻²)	生物量差值 /(t·hm⁻²)	枯死差值 /(株·hm⁻²·a⁻¹)	断面积差值 /(m²·hm⁻²)	蓄积差值 /(m³·hm⁻²)	生物量差值 /(t·hm⁻²)
北京市	RCP2.6	0.05	-0.44	-3.03	-3.09	0.02	-0.43	-2.99	-3.05
	RCP4.5	0.06	-0.16	-1.10	-5.92	0.03	-0.16	-1.08	-5.83
	RCP8.5	0.03	-0.30	-2.05	-7.48	-0.07	-0.29	-2.03	-7.37
河北省	RCP2.6	1.21	-0.35	-2.28	-3.60	1.22	-0.36	-2.34	-3.63
	RCP4.5	0.53	-0.77	-4.82	-5.81	0.52	-0.77	-4.81	-5.78
	RCP8.5	0.80	-0.68	-4.31	-5.66	0.81	-0.68	-4.32	-5.66
黑龙江省	RCP2.6	0.32	-1.27	-8.81	-11.31	0.30	-1.26	-8.73	-11.20
	RCP4.5	0.23	-1.42	-9.83	-10.02	0.22	-1.41	-9.73	-9.92
	RCP8.5	0.33	-1.48	-10.21	-9.62	0.31	-1.46	-10.12	-9.53
吉林省	RCP2.6	0.91	-1.31	-10.68	-8.80	0.91	-1.30	-10.64	-8.77
	RCP4.5	0.80	-1.64	-13.36	-9.36	0.79	-1.63	-13.28	-9.31
	RCP8.5	0.86	-1.66	-13.53	-8.45	0.85	-1.65	-13.45	-8.42
辽宁省	RCP2.6	0.22	-1.75	-16.32	-11.36	0.23	-1.73	-16.15	-11.25
	RCP4.5	0.18	-1.85	-17.20	-12.05	0.18	-1.83	-17.01	-11.92
	RCP8.5	0.23	-1.84	-17.13	-9.06	0.25	-1.82	-16.95	-8.97
内蒙古自治区	RCP2.6	0.42	-0.28	-1.73	-3.39	0.43	-0.28	-1.75	-3.40
	RCP4.5	0.20	-0.61	-3.72	-5.06	0.23	-0.61	-3.71	-5.05
	RCP8.5	0.37	-0.67	-4.15	-5.04	0.39	-0.67	-4.15	-5.04
山西省	RCP2.6	2.51	2.66	15.26	15.48	2.57	2.62	15.08	15.30
	RCP4.5	1.93	2.89	16.70	14.75	1.99	2.87	16.54	14.62
	RCP8.5	0.99	-0.63	-3.87	-2.96	0.99	-0.64	-3.90	-2.99

与当前气候条件相比,未来气候情景下林分枯死平均差值为 0.69 株·hm^{-2}·a^{-1},差值的范围为-21.00~27.00 株·hm^{-2}·a^{-1};林分断面积平均差值为-0.64 m^2·hm^{-2},差值的范围为-2.74~0.44 m^2·hm^{-2};林分蓄积平均差值为-3.90 m^3·hm^{-2},差值的范围为-18.65~4.29 m^3·hm^{-2};林分生物量平均差值为-2.99 t·hm^{-2},差值的范围为-21.64~3.38 t·hm^{-2}。

不同间伐强度下不同气候情景林分变量变化的差异表现为随着间伐强度的增加,未来气候情景下北京市林分枯死株数与当前气候条件的差异会减少 86.16%~106.75%,林分断面积的差异会减少 0.09%~1.87%,林分蓄积会减少 0.08%~1.79%,林分生物量会减少 0.19%~2.82%;河北省林分枯死株数的差异会减少9.61%~18.09%,林分断面积、蓄积和生物量的差异表现出一定的不确定性,林分断面积差值的波动范围是-5.07%~0.23%,林分蓄积是-4.84%~0.21%,林分生物量是-1.82%~0.68%;黑龙江省林分枯死株数的差异减少 59.20%~64.52%,林分断面积的差异减少 0.22%~1.87%,林分蓄积减少 0.22%~1.82%,林分生物量减少 0.23%~1.83%;吉林省林分枯死株数的差异减少 48.84%~50.87%,林分断面积和林分蓄积的差异均减少 0.06%~1.02%,林分生物量减少 0.06%~0.81%;辽宁省林分枯死株数的差异减少 85.01%~86.49%,林分断面积的差异减少 0.31%~2.13%,林分蓄积减少 0.30%~2.08%,林分生物量减少 0.23%~1.98%;内蒙古自治区差异变化不稳定,林分枯死株数差值的波动范围是-18.33%~15.33%,林分断面积差值的波动范围是-2.29%~0.32%,林分蓄积是-2.25%~0.29%,林分生物量是-0.79%~0.42%;山西省的差异变化不稳定,且变化很大,林分枯死株数差值的波动范围是-167.45%~105.69%,林分断面积是-372.93%~582.52%,林分蓄积是-361.28%~564.74%,林分生物量是-442.94%~572.17%。

不同省(自治区、直辖市)、不同气候情景,不同林分变量的表现并不一致,总的来看,随着间伐强度的增加,未来气候情景下林分枯死的变化没有明显的规律;随着间伐强度的增加,北京市和东北三省未来气候情景下的林分断面积、蓄积和生物量的差异逐渐变小,河北省和内蒙古自治区在 RCP4.5 时也表现出相同的规律,但在 RCP2.6 和 RCP8.5 时则表现出相反的规律,而山西省则没有明显的规律性。各省(自治区、直辖市)2010~2039 年不同气候情景、不同间伐强度下林分每公顷株数、林分断面积、林分蓄积和林分生物量的平均趋势如图 10-18~图 10-21 所示。

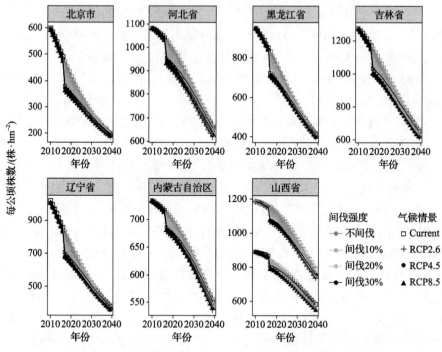

图 10-18　不同气候情景、不同间伐强度下 2010～2039 年各省(自治区、直辖市)林分每公顷株数

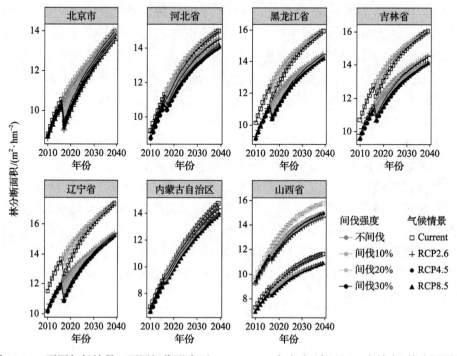

图 10-19　不同气候情景、不同间伐强度下 2010～2039 年各省(自治区、直辖市)林分断面积

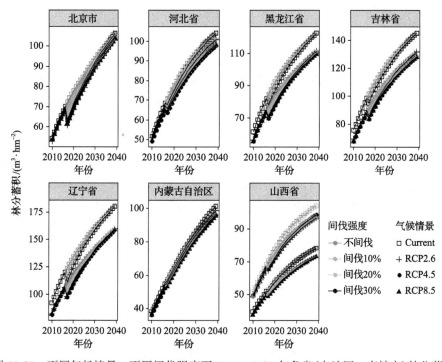

图 10-20　不同气候情景、不同间伐强度下 2010～2039 年各省（自治区、直辖市）林分蓄积

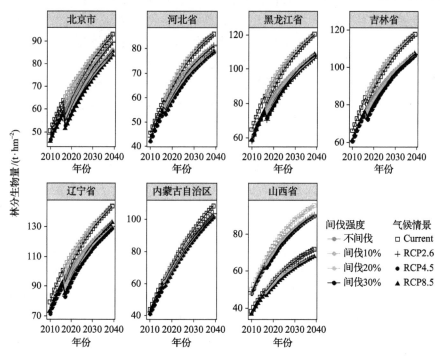

图 10-21　不同气候情景、不同间伐强度下 2010～2039 年各省（自治区、直辖市）林分生物量

10.4 小　结

(1)采用混合效应和联立方程组方法,建立了气候敏感的落叶松林分生长模型系(CSSGM-larch),由于模型系考虑了不同模型残差的相关性,具有统计上的合理性。

(2)通过气候敏感的落叶松人工林林分生长模型系模拟了 2010~2099 年未来3 种气候情景下落叶松人工林的生长状况。整体上来看,在 2010~2099 年,相较于当前气候条件,未来气候变化下林分枯死呈现先加剧后减缓的态势,林分断面积、蓄积和生物量则在 2010~2099 年均表现为减少的状态。具体来看,3 种未来气候情景的林分枯死平均差值为–7.17~1.55 株·hm^{-2}·a^{-1}(–63.98%~10.01%),变化范围为–34~54 株·hm^{-2}·a^{-1}(–100.00%~875.00%);林分断面积的平均差值为–2.20~–1.11 m^2·hm^{-2}(–12.25%~–7.31%),变化范围为–4.20~0.92 m^2·hm^{-2}(–17.27%~4.70%);林分蓄积的平均差值为–19.37~–9.13 m^3·hm^{-2}(–12.27%~–7.52%),变化范围为–47.27~7.49 m^3·hm^{-2}(–16.83%~4.56%);林分生物量的平均差值为–13.41~–8.46 t·hm^{-2}(–10.03%~–8.01%),变化范围为–32.87~3.90 t·hm^{-2}(–16.92%~3.12%)。分组分析结果显示:未来气候情景下,所有省(自治区、直辖市)的林分枯死、断面积、蓄积、生物量均减少;未来气候情景下,幼龄林、中龄林和近熟林的林分枯死增加,断面积、蓄积和生物量减少,成过熟林的林分枯死、断面积、蓄积、生物量均减少;未来气候情景下,寒温带的林分枯死增加,断面积、蓄积和生物量减少,中温带和暖温带的林分枯死、断面积、蓄积、生物量均减少。总的来看,通过模型系模拟的 2010~2099 年落叶松人工林林分生长的趋势与前面的结果并不完全一致,这可能是因为单独拟合的模型没有考虑不同模型残差的相关性,且每个模型都考虑了省水平和样地水平的随机效应所致。

(3)通过气候敏感的落叶松人工林林分生长模型系模拟了不同间伐强度、不同气候情景下 2010~2039 年落叶松人工林的生长情况,并观察了间伐和气候变化的交互作用,结果显示:间伐强度和气候变化对森林生长的影响非常明显(与当前气候条件相比,未来气候情景下林分枯死平均差值为 0.69 株·hm^{-2}·a^{-1},差值的范围为–21.00~27.00 株·hm^{-2}·a^{-1};林分断面积平均差值为–0.64 m^2·hm^{-2},差值的范围为–2.74~0.44 m^2·hm^{-2};林分蓄积平均差值为–3.90 m^3·hm^{-2},差值的范围为–18.65~4.29 m^3·hm^{-2};林分生物量平均差值为–2.99 t·hm^{-2},差值的范围为–21.64~3.38 t·hm^{-2})。总的来看,各省(自治区、直辖市)林分枯死没有明显规律,而林分断面积、蓄积和生物量有 3 种趋势:①随着间伐强度的增加,未来气候情景下的林分断面积、蓄积和生物量的差异逐渐变小(北京市、东北三省和 RCP4.5 下的河北省与内蒙古自治区);②随着间伐强度的增加,未来气候情景下的林分断面积、蓄积和生物量的差异逐渐变大(RCP2.6 和 RCP8.5 下的河北省与内蒙古自治区)；③没有明显的规律性(山西省)。

参 考 文 献

唐守正. 1991. 广西大青山马尾松全林整体生长模型及其应用. 林业科学研究, 4(增刊): 8-13.

余黎. 2014. 气候敏感的长白落叶松人工林全林整体模型研究. 中国林业科学研究院硕士学位论文: 49-55.

王战, 张颂云. 1992. 中国落叶松林. 北京: 中国林业出版社.

Clutter J L. 1963. Compatible growth and yield models for loblolly pine. Forest Science, 9(3): 354-371.

Crookston N L, Rehfeldt G E, Dixon G E, et al. 2010. Addressing climate change in the forest vegetation simulator to assess impacts on landscape forest dynamics. Forest Ecology and Management, 260: 1198-1211.

Fang Z, Bailey R L, Shiver B D. 2001. A multivariate simultaneous prediction system for stand growth and yield with fixed and random effects. Forest Science, 47: 550-562.

Hall D B, Clutter M. 2004. Multivariate multilevel nonlinear mixed effects models for timber yield predictions. Biometrics, 60: 16-24.

第11章 研究结论与展望

11.1 主 要 结 论

本书以我国东北、华北地区 7 个省、自治区、直辖市(北京市、河北省、黑龙江省、吉林省、辽宁省、内蒙古自治区、山西省)的落叶松人工林为研究对象,基于第六次、第七次和第八次三次国家森林资源连续清查的 370 个固定样地数据及 ClimateAP 软件中提取的 12 个生物气候因子数据,构建了气候敏感的落叶松林分生长模型系(CSSGM-larch),该模型有一定的统计可靠性和生物合理性。利用 CSSGM-larch,预测了研究区落叶松人工林在 2010~2099 年三种未来气候情景 (RCP2.6、RCP4.5 和 RCP8.5)下的生长,得到的主要结论如下。

(1)建立了气候敏感的落叶松人工林平均高生长模型,发现秋季 Hargreaves 水汽亏缺值和夏季 Hargreaves 参考蒸发量显著影响落叶松人工林林分平均高的生长,并模拟了不同气候情景下 2010~2099 年的林分平均高生长。与当前气候条件下的林分平均高相比,未来气候情景下林分平均高总体呈现增加的趋势,三种气候情景下林分平均高的平均差值为 0.26~1.24 m(2.69%~13.07%),差值的变化范围在-2.98~5.54 m(-32.10%~76.36%)。分组分析时发现:与当前气候条件相比,东北三省落叶松人工林的林分平均高生长受气候变化的影响的变动较小,而内蒙古自治区和华北各省(直辖市)受气候变化影响的变动较大;在未来气候情景下,各龄组的落叶松人工林的林分平均高都呈现增加的形势,不同龄组林分平均高的平均差值大小顺序为幼龄林(0.61 m)<中龄林(1.00 m)<近熟林(1.09 m)<成过熟林(1.51 m),即随着年龄的增加,未来气候情景下的林分平均高增加的趋势更明显;总的来看,与当前气候条件下的林分平均高相比,未来气候情景下各气候带的落叶松人工林的林分平均高都呈现增加的趋势,不同气候带林分平均高的平均差值大小顺序为寒温带(0.01 m)<中温带(0.89 m)<暖温带(1.19 m)。

(2)构建了气候敏感的落叶松人工林优势高模型,发现最热月平均气温影响落叶松优势高生长的最大值和生长速率,而夏季降水量影响落叶松优势高生长的最大值。通过模拟不同气候情景下 2010~2099 年林分优势高的生长,发现与当前气候条件下林分优势高相比,未来气候情景下林分优势高呈现减少的态势,不同气候情景下优势高的平均差值为-0.02~-0.40 m(-0.19%~-3.65%),差值的变化范围在-0.81~0.75 m(-8.97%~8.38%)。分组分析时发现:与当前气候条件下的林分优势高相比,未来气候情景下,不同省(自治区、直辖市)落叶松人工林的林分优势高生长对气候变化的响应不同，北京市、河北省和内蒙古自治区林分优势高的差值为负，分别为–0.03 m、–0.25 m、–0.11 m，说明气候变化导致了林分优势高减小，其余各省的优势高差值为正(黑龙江省为 0.23 m、吉林省为 0.04 m、辽宁省为 0.17 m、山西省为 0.16 m)，即气候变化导致林分优势高增加；在未来气候情景下，各龄组的落叶松人工林的林分优势高呈现不同的趋势，不同龄组林分优势高的平均差值大小顺序为幼龄林(0.07 m)>中龄林(0.04 m)>近熟林(–0.03 m)>成过熟林(–0.08 m)，即随着年龄的增加，未来气候情景下的林分优势高呈现减少的趋势；各气候带的落叶松人工林的林分优势高呈现不同的趋势，不同气候带林分优势高的平均差值大小顺序为寒温带(–0.17 m)<中温带(0.03 m)<暖温带(0.04 m)。

(3)通过构建含间伐效应的气候敏感的落叶松人工林林分株数转移模型，模拟了 2010～2099 年的林分枯死。与当前气候条件下的林分枯死相比，未来气候情景下林分枯死总体呈现先增加后减少的态势，林分枯死的平均差值为–3.96～–0.54 株·hm^{-2}·a^{-1}(–40.08%～4.56%)，差值的变化范围为–26～13 株·hm^{-2}·a^{-1}(–96.00%～200.00%)。分组分析时发现：与当前气候条件下的林分枯死株数相比，未来气候情景下仅内蒙古自治区(0.48 株·hm^{-2}·a^{-1})和山西省(0.31 株·hm^{-2}·a^{-1})的平均枯死差值为正，即林分枯死出现增加的状况，而北京市(–0.85 株·hm^{-2}·a^{-1})、河北省(–0.43 株·hm^{-2}·a^{-1})、黑龙江省(–1.24 株·hm^{-2}·a^{-1})、吉林省(–1.45 株·hm^{-2}·a^{-1})、辽宁省(–3.88 株·hm^{-2}·a^{-1})的林分枯死均出现减少的状况；在未来气候情景下，除成过熟林外，各龄组的落叶松人工林的林分枯死状态都呈现增加的趋势，不同龄组林分枯死的平均差值大小顺序为成过熟林(–1.54 株·hm^{-2}·a^{-1})<幼龄林(0.35 株·hm^{-2}·a^{-1})<中龄林(0.46 株·hm^{-2}·a^{-1})<近熟林(0.49 株·hm^{-2}·a^{-1})；在未来气候情景下，寒温带(平均差值为 1.03 株·hm^{-2}·a^{-1})的落叶松人工林的林分枯死状态都呈现增加的趋势，中温带(–1.41 株·hm^{-2}·a^{-1})和暖温带(–0.86 株·hm^{-2}·a^{-1})的林分枯死则表现出减少态势。

(4)通过构建气候敏感的落叶松人工林林分断面积模型发现：整体来看，相较于当前气候条件，在 2010～2099 年，未来气候条件下气候变化先加速后阻滞了林分断面积的生长，三种气候情景下林分断面积的平均差值为–0.40～0.70 m^2·hm^{-2}(–3.47%～4.96%)，差值的变化范围为–2.81～1.97 m^2·hm^{-2}(–11.20%～9.16%)。分组分析时发现：未来气候变化阻滞了内蒙古自治区林分断面积的生长，促进了其他各省(直辖市)的林分断面积生长，尤其以东北三省的增加幅度最大。各省(自治区、直辖市)断面积平均差值的大小顺序为内蒙古自治区(–0.01 m^2·hm^{-2})<北京市(0.03 m^2·hm^{-2})<河北省(0.04 m^2·hm^{-2})<山西省(0.20 m^2·hm^{-2})<吉林省(0.40 m^2·hm^{-2})<黑龙江省(0.41 m^2·hm^{-2})<辽宁省(0.49 m^2·hm^{-2})；在未来气候情景下，各龄组的落叶松人工林的林分断面积都呈现增加的趋势，这说明气候变

化对林分断面积生长的影响主要表现为促进作用，具体各龄组林分断面积减少的顺序为成过熟林（0.25 $m^2 \cdot hm^{-2}$）＜幼龄林（0.42 $m^2 \cdot hm^{-2}$）＜中龄林（0.58 $m^2 \cdot hm^{-2}$）＜近熟林（0.60 $m^2 \cdot hm^{-2}$）。此外，各龄组的林分断面积对气候变化的响应波动程度随年龄增加而变大，幼龄林林分断面积差值的变化范围是–0.08～1.80 $m^2 \cdot hm^{-2}$、中龄林是–0.52～1.87 $m^2 \cdot hm^{-2}$、近熟林是–1.86～0.64 $m^2 \cdot hm^{-2}$、成过熟林是–2.81～1.97 $m^2 \cdot hm^{-2}$；在未来气候情景下，寒温带（平均差值为–0.32 $m^2 \cdot hm^{-2}$）的落叶松人工林的林分断面积呈减少的趋势，中温带（0.33 $m^2 \cdot hm^{-2}$）和暖温带（0.13 $m^2 \cdot hm^{-2}$）的林分断面积则表现出增加态势。

　　（5）通过构建气候敏感的落叶松人工林林分蓄积模型发现：未来气候情景下气候变化加速了林分蓄积的生长，三种气候情景下林分蓄积的平均差值为–0.16～10.77 $m^3 \cdot hm^{-2}$（–0.16%～8.79%），差值的变化范围为–16.96～34.50 $m^3 \cdot hm^{-2}$（–8.82%～14.13%）。分组分析发现：总的来看，就蓄积而言，未来气候变化促进了林分蓄积的生长，其中，东北三省的增加幅度最大，各省（自治区、直辖市）落叶松人工林蓄积的平均差值大小顺序为河北省（2.22 $m^3 \cdot hm^{-2}$）＜内蒙古自治区（2.38 $m^3 \cdot hm^{-2}$）＜北京市（2.92 $m^3 \cdot hm^{-2}$）＜山西省（3.81 $m^3 \cdot hm^{-2}$）＜黑龙江省（6.92 $m^3 \cdot hm^{-2}$）＜吉林省（7.55 $m^3 \cdot hm^{-2}$）＜辽宁省（9.13 $m^3 \cdot hm^{-2}$）；未来气候情景下，气候变化对林分蓄积生长的影响主要表现为促进作用，不同龄组林分蓄积的平均差值大小顺序为幼龄林（4.77 $m^3 \cdot hm^{-2}$）＜成过熟林（5.73 $m^3 \cdot hm^{-2}$）＜中龄林（6.95 $m^3 \cdot hm^{-2}$）＜近熟林（7.83 $m^3 \cdot hm^{-2}$）。此外，各龄组的林分蓄积对气候变化的响应波动程度随年龄增加而变大，幼龄林林分蓄积差值的变化范围是–0.13～26.21 $m^3 \cdot hm^{-2}$、中龄林是–2.53～32.16 $m^3 \cdot hm^{-2}$、近熟林是–3.96～32.17 $m^3 \cdot hm^{-2}$、成过熟林是–16.96～34.50 $m^3 \cdot hm^{-2}$；未来气候情景下，各气候带的林分蓄积均呈现增加的趋势，其中，中温带（平均差值为 6.29 $m^3 \cdot hm^{-2}$）增加的幅度最大，而寒温带（平均差值为 0.07 $m^3 \cdot hm^{-2}$）和暖温带（平均差值为 3.90 $m^3 \cdot hm^{-2}$）增加的幅度相对较小。

　　（6）通过构建气候敏感的落叶松人工林林分生物量模型发现：整体来看，相较于当前气候条件，未来气候情景下气候变化加速了林分生物量的生长，三种气候情景下林分生物量的平均差值为–2.39～9.99 $t \cdot hm^{-2}$（–2.65%～9.30%），差值的变化范围为–25.98～33.48 $t \cdot hm^{-2}$（–17.82%～18.77%）。分组分析发现：未来气候情景下仅北京市（–1.13 $t \cdot hm^{-2}$）和内蒙古自治区（–1.80 $t \cdot hm^{-2}$）的平均生物量差值为负，而河北省（0.44 $t \cdot hm^{-2}$）、黑龙江省（4.11 $t \cdot hm^{-2}$）、吉林省（6.01 $t \cdot hm^{-2}$）、辽宁省（10.21 $t \cdot hm^{-2}$）和山西省（4.09 $t \cdot hm^{-2}$）均为正；未来气候情景下，气候变化对林分生物量生长的影响主要表现为促进作用，不同龄组林分生物量的平均差值大小顺序为成过熟林（4.18 $t \cdot hm^{-2}$）＜幼龄林（4.55 $t \cdot hm^{-2}$）＜中龄林（5.79 $t \cdot hm^{-2}$）＜近熟林（6.06 $t \cdot hm^{-2}$）。此外，各龄组的林分生物量对气候变化的响应波动程度随年龄增加而变大，幼龄林林分生物量差值的变化范围是−1.68～27.62 t·hm^{-2}、中龄林是−7.42～33.14 t·hm^{-2}、近熟林是−9.26～33.11 t·hm^{-2}、成过熟林是−25.98～33.48 t·hm^{-2}；未来气候情景下，仅寒温带（−7.23 t·hm^{-2}）的林分生物量差值为负，而中温带（5.04 t·hm^{-2}）和暖温带（1.07 t·hm^{-2}）为正。

（7）采用混合效应模型和联立方程组方法，建立了气候敏感的落叶松林分生长模型系（CSSGM-larch）。由于模型系考虑了不同模型残差的相关性，具有统计上的合理性。同时，通过 CSSGM-larch 模拟了 2010～2099 年未来三种气候情景下落叶松人工林的生长状况，从整体来看，在 2010～2099 年，相较于当前气候条件，未来气候变化下林分枯死呈现先加剧后减缓的态势，林分断面积、蓄积和生物量则表现为减少的状态，三种未来气候情景的林分枯死平均差值为−7.17～1.55 株·hm^{-2}·a^{-1}（−63.98%～10.01%），变化范围为−34～54 株·hm^{-2}·a^{-1}（−100.00%～875.00%）；林分断面积的平均差值为−2.20～−1.11 m^2·hm^{-2}（−12.25%～−7.31%），变化范围为−4.20～0.92 m^2·hm^{-2}（−17.27%～4.70%）；林分蓄积的平均差值为−19.37～−9.13 m^3·hm^{-2}（−12.27%～−7.52%），变化范围为−47.27～7.49 m^3·hm^{-2}（−16.83%～4.56%）；林分生物量的平均差值为−13.41～−8.46 t·hm^{-2}（−10.03%～−8.01%），变化范围为−32.87～3.90 t·hm^{-2}（−16.92%～3.12%）。分组结果显示：未来气候情景下，所有省（自治区、直辖市）的林分枯死、断面积、蓄积、生物量均减少；未来气候情景下，幼龄林、中龄林和近熟林的林分枯死加剧，断面积、蓄积和生物量减少，成过熟林的林分枯死、断面积、蓄积、生物量均减少；未来气候情景下，寒温带的林分枯死加剧，断面积、蓄积和生物量减少，中温带和暖温带的林分枯死、断面积、蓄积、生物量均减少。总的来看，通过模型系模拟的 2010～2099 年落叶松人工林林分生长的趋势与前面的结果并不完全一致，这可能是因为单独拟合的模型没有考虑不同模型残差的相关性，且每个模型都考虑了省水平和样地水平的随机效应所致。

（8）通过气候敏感的落叶松人工林林分生长模型系（CSSGM-larch）模拟了不同间伐强度、不同气候情景下 2010～2039 年落叶松人工林的生长情况，并观察了间伐强度和气候变化的交互作用，结果显示：间伐强度和气候变化对森林生长的影响非常明显（与当前气候条件相比，未来气候情景下林分枯死平均差值为0.69 株·hm^{-2}·a^{-1}，差值的范围为−21.00～27.00 株·hm^{-2}·a^{-1}；林分断面积平均差值为−0.64 m^2·hm^{-2}，差值的范围为−2.74～0.44 m^2·hm^{-2}；林分蓄积平均差值为−3.90 m^3·hm^{-2}，差值的范围为−18.65～4.29 m^3·hm^{-2}；林分生物量平均差值为−2.99 t·hm^{-2}，差值的范围为−21.64～3.38 t·hm^{-2}）。总的来看，各省（自治区、直辖市）林分枯死没有明显规律，而林分断面积、蓄积和生物量有三种趋势：①随着间伐强度的增加，未来气候情景下的林分断面积、蓄积和生物量的差异逐渐变小（北京市、东北三省和 RCP4.5 下的河北省与内蒙古自治区）；②随着间伐强度的增加，未来气候情景下的林分断面积、蓄积和生物量的差异逐渐变大(RCP2.6 和 RCP8.5 下的河北省与内蒙古自治区)；③没有明显的规律性(山西省)。

(9)本研究说明了经验生长模型可用于预测森林生长对气候变化的响应，进而为东北、华北地区落叶松人工林适应性经营提供理论依据和技术支撑。

11.2　讨论与展望

由于全球性的气候变化仍将继续(IPCC，2014)，可持续森林经营对气候变化如何影响森林生长这一议题提出了要求，而构建气候敏感的生长模型是其中的关键技术(Nothdurft et al., 2012)。本书以东北、华北地区 7 个省(自治区、直辖市)(北京市、河北省、黑龙江省、吉林省、辽宁省、内蒙古自治区、山西省)的落叶松人工林为研究对象，通过构建气候敏感的优势高模型计算了气候驱动的地位指数，并以此构建了气候敏感的落叶松人工林林分生长模型系(包括林分株数转移模型、林分断面积模型、林分蓄积模型和林分生物量模型)，模拟了气候变化对林分每年枯死、林分断面积、林分蓄积和林分生物量的影响，进而预测了未来气候情景下落叶松人工林的变化状况。结果显示：①最热月平均气温影响落叶松优势高的最大值和生长速率，而夏季降水量影响落叶松优势高的最大值，因而影响地位指数，进而影响落叶松人工林的林分枯死、断面积、蓄积和生物量；②相较于当前气候条件，三种未来气候情景下研究区域内的落叶松人工林的林分枯死、断面积减少，林分蓄积、生物量增加，即气候变化对林分各因子生长过程的影响表现出不一致性；③气候变化对林分生长的影响随间伐强度的增加而增加。

尽管研究温度与森林生长关系的研究很多，温度已被确定是森林生长的关键性限制因素(Zhang et al., 2011)，但目前的研究中，温度与森林生长之间的关系有正有负，并未得到一致性的结论。Shen 等(2015)发现了和本研究类似的结果，她们发现温度与吉林省长白落叶松人工林的地位指数呈负相关。但 Zhang 等(2011)发现温度与内蒙古自治区兴安落叶松的树木年轮宽度呈正相关。在对其他树种的研究中，Wang 等(2007)在以澳大利亚蓝桉(*Eucalyptus globulus*)人工林为研究对象的研究中发现温度与优势高呈正相关；Sharma 等(2015)则发现对加拿大安大略北部地区的黑云杉(*Picea mariana*)而言，温度与优势高呈正相关，而对同一地区的加拿大短叶松(*Pinus banksiana*)而言，温度与优势高则呈负相关。Clark 等(2011)的研究发现，哥斯达黎加热带雨林的 6 个树种的年直径生长量和生产力与温度呈负相关。本研究中发现最热月温度与优势高生长的关系受降水影响，这与张志华等(1996)的研究结果相似，温度对林木的影响是通过对降水的制约来实现的。

在前人的研究中(Dulamsuren et al., 2009；Shen et al., 2015)，降水量已经被确定为是影响森林生长的关键因子，且与落叶松人工林的生长呈正相关。在对其他树种的研究中，如加拿大短叶松、黑云杉或澳大利亚蓝桉，降水量对林分生长的促进作用已被证实(Wang et al., 2007；Sharma et al., 2015)，而这与本研究的结果一致。

　　气候变暖和干旱加剧会引起林分枯死率和林分生物量的变化(Michaelian et al., 2011；Peng et al., 2011；余黎，2014)。Kirilenko 和 Sedjo(2007)的研究发现，在未来的 100 年里气候变化将促使北欧森林的生物量增加 10%~30%。Eggers 等(2008)的研究认为，气候变化对森林有着强大的驱动作用，在未来的 50 年里，欧洲森林的生产力将提高 12%~14%，碳储量将增加 23%~31%。Poudel 等(2011)估计了气候变化对瑞典中北部森林的影响，研究发现在未来的 100 年里，森林生物量将增加 49%。余黎(2014)通过构建气候敏感的全林整体模型模拟了 2040~2080 年未来气候变化下长白落叶松人工林的生长情况，结果表明：与当前气候条件相比，未来气候情景下林分生产力增加了 1.50%~5.48%，林分蓄积定期年平均生长量增加了 0.11%~12.32%，林分枯死量增加了 4.17%~16.62%，即气候变化促进了林分枯死和林分蓄积量的生长。这与本书的结果并不完全一致，这可能是由于气候的不确定性导致的，而且本书计算地位指数使用的优势高是基于平均木数据拟合的树高-胸径模型计算得到的，这可能导致对立地质量的低估，进而导致计算结果的不确定性。

　　由于间伐可以增加保留木的生长空间，使得树木的竞争减小，因而改变树木对环境因子的依赖程度(Magruder et al., 2013)。很多研究表明，间伐可以增强森林对气候变化的适应能力。例如，Laurent 等(2003)采用树木年代学的方法分析了间伐强度与挪威云杉对干旱适应能力的关系，结果显示：间伐强度的增加可以提高树木对干旱的适应能力。Magruder 等(2013)以美国密歇根州的红松为研究对象，采用树木年代学的方法比较了不同间伐强度、不同间伐方式下红松对干旱的适应能力变化情况，结果表明，中等程度的下层木间伐方式可以促进红松对温度和降水量的适应能力，并能维持较高单木和林分的生产力。这与本书的研究结果不一致，这可能是由于气候变化的不确定性所致。

　　本研究还存在以下需要改进的问题：

　　(1)模型本身的改进。本研究未建立林分进界或更新模型，因此，关于林分密度的模拟结果会影响森林生长预测。本研究中采用了再参数化的方法进行气候因子的筛选，这个过程也存在着不确定性，同时，也有部分可能影响森林生长的变量因为统计学上的不显著而被剔除，造成了研究的结果存在着一定的不确定性。而主成分分析方法和多元线性回归方法作为较常用的两种构建气候敏感的森林生长模型的方法，也各自存在着一定的问题。前者囊括的气候因子过多，适合于基础研究，而在森林经营实践中应用存在一定的困难；多元线性回归方法同样可能会犯统计学上的第Ⅱ类错误，即剔除了影响森林生长的气候因子，同时，该方法是基于气候因子与森林生长的线性关系这一假设，而忽略了森林生长和气候因子之间复杂的非线性关系。下一步可考虑选用整合了过程生长模型和经验生长模型的混合生长模型来模拟及预测气候变化下森林的生长。

（2）研究结果的不确定性。由于涉及空间范围广、样地和气候数据、模型建立等原因，气候变化影响预测结果存在一定的不确定性。本书中使用的优势高数据和生物量是通过模型计算得到的，其中存在着一定的不确定性，尤其是优势高数据是基于平均木数据构建的树高-胸径模型计算得到，可能使计算得到的优势高和地位指数偏低。同时，很多样地的树种并未区分到种，而不同树种的生长对气候的响应可能并不相同。下一步可建立精确的树高-胸径模型和生物量模型，并尝试对比多种气候数据的结果，以此来降低研究结果中存在的不确定性。此外，通过单个生长模型和联立方程组得到的气候变化对落叶松人工林影响的结果并不一致，未来需要结合过程生长模型采用多模型集成的方法进一步验证。

（3）本研究建立的模拟气候变化影响的林分枯死、断面积、蓄积和生物量的生长模型，虽然同时考虑了气候和地位指数，但假定"立地质量不变"。目前一些研究（详见第一章表 1-1）表明气候变化在一定程度上会影响立地质量。此外，气候变化对林分生长的影响，不仅限于通过立地质量导致的间接影响，也可以直接影响林木的物质代谢、能量转化和生长发育。因此下一步可在经验生长模型中考虑气候敏感的地位指数模型，并利用过程生长模型去研究气候变化对林分生长的影响，比较经验生长模型和过程生长模型的结果差异。

（4）本研究构建的基于混合效应模型的林分生长模型系的联立求解方法是采用 Fang 等（2001）的研究成果，该方法是采用哑变量将不同模型的因变量合并成一个长向量，再进行联立求解，虽然该方法考虑了不同模型误差的相关性，但并没有考虑内生变量误差的传递。未来需要进一步探讨如何解决内生变量误差传递的问题。

参 考 文 献

余黎. 2014. 气候敏感的长白落叶松人工林全林整体模型研究. 中国林业科学研究院硕士学位论文: 49-55.

张志华, 吴祥定, 李骥. 1996. 利用树木年轮资料重建新疆东天山 300 多年来干旱日数的变化. 应用气象学报, 7(1): 53-59.

Clark J S, Bell D M, Hersh M H, et al. 2011. Climate change vulnerability of forest biodiversity: climate and competition tracking of demographic rates. Global Change Biology, 17: 1834-1849.

Dulamsuren C, Hauck M, Bader M, et al. 2009. Water relations and photosynthetic performance in *Larix sibirica* growing in the forest-steppe ecotone of northern Mongolia. Tree Physiology, 29: 99-110.

Eggers J, Lindner M, Zudin S, et al. 2008. Impact of changing wood demand, climate and land use on European forest resources and carbon stocks during the 21st century. Global Change Biology, 14: 2288-2303.

Fang Z, Bailey R L, Shiver B D. 2001. A multivariate simultaneous prediction system for stand growth and yield with fixed and random effects. Forest Science, 47: 550-562.

IPCC. 2014. Climate Change 2014: Synthesis Report. Contribution of Working Groups I, II and III to the Fifth Assessment Report of the Intergovernmental Panel on Climate Change [Core Writing Team, R.K. Pachauri and L.A. Meyer (eds.)]. Geneva, Switzerland: IPCC: 151.

Kirilenko A P, Sedjo R A. 2007. Climate change impacts on forestry. Proceedings of the National Academy of Sciences of the United States of America, 104 (50): 19697-19702.

Laurent M, Antoine N, Joël G. 2003. Effects of different thinning intensities on drought response in Norway spruce (*Picea abies* (L.) Karst.). Forest Ecology and Management, 183: 47-60.

Magruder M, Chhin S, Palik B, et al. 2013. Thinning increases climatic resilience of red pine. Canadian Journal of Forest Research, 43: 878-889.

Michaelian M, Hogg E H, Hall R J, et al. 2011. Massive mortality of aspen following severe drought along the southern edge of the Canadian boreal forest. Global Change Biology, 17: 2084-2094.

Nothdurft A, Wolf T, Ringeler A, et al. 2012. Spatio-temporal prediction of site index based on forest inventories and climate change scenarios. Forest Ecology and Management, 279: 97-111.

Peng C, Ma Z, Lei X, et al. 2011. A drought-induced pervasive increase in tree mortality across Canada's boreal forests. Natural Climate Change, 1: 467-471.

Poudel B C, Sathre R, Gustavsson L, et al. 2011. Effects of climate change on biomass production and substitution in north-central Sweden. Biomass and Bioenergy, 35: 4340-4355.

Sharma M, Subedi N, Ter-Mikaelian M, et al. 2015. Modeling climatic effects on stand height/site index of plantation-grown jack pine and black spruce trees. Forest Science, 61: 25-34.

Shen C, Lei X, Liu H, et al. 2015. Potential impacts of regional climate change on site productivity of *Larix olgensis* plantations in northeast China. iForest, 8: 642-651.

Wang Y, LeMay V M, Baker T G. 2007. Modelling and prediction of dominant height and site index of *Eucalyptus globulus* plantations using a nonlinear mixed-effects model approach. Canada Journal of Forest Research, 37: 1390-1403.

Zhang X, He X, Li J, et al. 2011. Temperature reconstruction (1750-2008) from *Dahurian larch* tree-rings in an area subject to permafrost in Inner Mongolia, Northeast China. Climate Research, 47: 151-159.